2024

W0200899

Abitur

Original-Prüfungsaufgaben
mit Lösungen

Gymnasium · Gesamtschule NRW

Mathematik GK

STARK

17. neu bearbeitete und ergänzte Auflage
www.stark-verlag.de

Inhalt

* Der in der Aufgabe B4 behandelte Themenbereich ist nicht mehr prüfungsrelevant und wird daher nicht mehr abgedruckt.

Abiturprüfung 2021

Abiturprüfung 2022

Abiturprüfung 2023

Sobald die Original-Prüfungsaufgaben 2023 freigegeben sind, können sie als PDF auf der Plattform MyStark heruntergeladen werden (Zugangscode auf der Umschlaginnenseite).

Bei **MyStark** finden Sie:

- **Interaktives Training** zum hilfsmittelfreien Prüfungsteil A
- **Lernvideos** zum Einsatz Ihres GTR bzw. CAS
- **Lernvideos** zu Aufgaben aus Prüfungsteil A
- **Jahrgang 2023**, sobald dieser zum Download bereit steht
- alle **Original-Prüfungsaufgaben** der Jahre **2017 bis 2023** mit Lösungen, die nicht im Buch abgedruckt sind

Den Zugangscode zu MyStark finden Sie auf der Umschlaginnenseite.

Sitzen alle mathematischen Begriffe? Im Interaktiven Training und unter www.stark-verlag.de/mathematik-glossar/ finden Sie ein kostenloses Glossar zum schnellen Nachschlagen aller wichtigen Definitionen mitsamt hilfreicher Abbildungen und Erläuterungen.

Kostenlose **Webinare** zur Prüfungsvorbereitung finden Sie ab Mitte März 2024 unter:
www.stark-verlag.de/schule/unser-angebot/kurse/online-kurse

Autorinnen und Autoren:

Georg Breitenfeld

Übungsaufgaben im Stil der Abiturprüfung – Prüfungsteil A; Prüfungsteil B: B4;
Lösungen zur Abiturprüfung 2020 – Prüfungsteil B: B2 (CAS), B5 (GTR / CAS);
Lösungen zur Abiturprüfung 2021 – Prüfungsteil B: B2 (GTR / CAS), B4 (GTR / CAS);
Lösungen zur Abiturprüfung 2022 – Prüfungsteil B: B2 (CAS), B4 (GTR / CAS);
Lösungen zur Abiturprüfung 2023;
Download: 2017 – A Teilaufgabe d, B1 (GTR), B1 (CAS), B5 (GTR / CAS); 2018 – A Teilaufgabe b und d, B1 (GTR), B1 (CAS), B5 (GTR / CAS); 2019 – A Teilaufgaben a und c, B1 (GTR), B1 (CAS), B5 (GTR / CAS); 2020 – B2 (GTR); 2022 – B2 (GTR)

Herbert Kompernaß

Übungsaufgaben im Stil der Abiturprüfung – Prüfungsteil A; Prüfungsteil B: B1, B2, B3;
Lösungen zur Abiturprüfung 2020 – Prüfungsteil B: B1 (GTR), B3 (GTR / CAS);
Lösungen zur Abiturprüfung 2021 – Prüfungsteil B: B1 (GTR), B3 (GTR / CAS);
Lösungen zur Abiturprüfung 2022 – Prüfungsteil B: B1 (CAS), B3 (GTR / CAS);
Lösungen zur Abiturprüfung 2023;
Download: 2017 – A Teilaufgaben a, b und c, B2 (GTR), B2 (CAS), B3 (GTR / CAS); 2018 –A Teilaufgaben a und c; B2 (GTR / CAS), B3 (GTR / CAS); 2019 – A Teilaufgaben b und d, B2 (GTR), B2 (CAS), B3 (GTR / CAS); 2020 – B1 (CAS); 2021 – B1 (CAS); 2022 – B1 (GTR)

Kristin Menke

Übungsaufgaben im Stil der Abiturprüfung – Prüfungsteil A;
Lösungen zur Abiturprüfung 2020 – Prüfungsteil A;
Lösungen zur Abiturprüfung 2021 – Prüfungsteil A: A3, Prüfungsteil B: B5 (GTR / CAS);
Lösungen zur Abiturprüfung 2022 – Prüfungsteil A: A3, Prüfungsteil B: B5 (CAS);
Lösungen zur Abiturprüfung 2023;
Download: 2021 – A1, A2; 2022 – A1, A2, B5 (GTR)

Vorwort

Liebe Schülerin, lieber Schüler,

Sie haben Mathematik in Nordrhein-Westfalen als Grundkurs belegt und planen, in diesem Fach Ihr Abitur abzulegen. Mit diesem Buch helfen wir Ihnen, sich effektiv auf das **Zentralabitur 2024** vorzubereiten:

- Sie erhalten im ersten Teil des Buches viele Informationen zur **gezielten Vorbereitung auf die Abiturprüfung**. Dazu gehören u. a. eine Aufstellung der für die Prüfung 2024 relevanten inhaltlichen Schwerpunkte und Fokussierungen, Hinweise zum Ablauf der Prüfung sowie alles Wissenswerte zur Struktur und zu den Anforderungen der Prüfungsaufgaben.

- Sie finden darüber hinaus zahlreiche **praktische Hinweise**, die Ihnen sowohl bei der Vorbereitung auf das Abitur als auch während der Prüfung dazu verhelfen, Prüfungsaufgaben gut zu lösen.

- Das Buch enthält **Übungsaufgaben** im Stil der schriftlichen Abiturprüfung sowie die vom Ministerium für Schule und Bildung des Landes Nordrhein-Westfalen gestellten **Original-Abituraufgaben 2020 bis 2023**.

- Zu sämtlichen Aufgaben wurden von unseren Autoren **vollständige, kommentierte Lösungsvorschläge** sowie separate **Hinweise und Tipps zum Lösungsansatz** ausgearbeitet, die Ihnen das selbstständige Lösen der Aufgaben erleichtern.

- Zudem erhalten Sie zusätzliches Übungsmaterial **online bei MyStark**:
  - **Interaktives Training** zum hilfsmittelfreien Prüfungsteil A
  - **Lernvideos** zum Einsatz Ihres GTR bzw. CAS
  - **Lernvideos** zu Aufgaben aus Prüfungsteil A
  - **Jahrgang 2023**, sobald dieser zum Download bereit steht
  - **Original-Abituraufgaben** der Jahre **2017 bis 2023**, die nicht im Buch abgedruckt sind

  Den Zugangscode zu MyStark finden Sie auf der Umschlaginnenseite.

Sollten nach Erscheinen dieses Bandes noch wichtige Änderungen in der Abiturprüfung 2024 vom Schulministerium bekannt gegeben werden, finden Sie aktuelle Informationen dazu ebenfalls bei MyStark.

Wir wünschen Ihnen viel Erfolg bei der Abiturprüfung!

Ihr Stark Verlag

Stichwortverzeichnis 2020 – 2022

Folgende Abkürzungen wurden zur Kennzeichnung der einzelnen Aufgaben gewählt:

Ü/A c	**Ü**bungsaufgabe, Aufgabe **A**, Teilaufgabe **c**
22/B1 a (1)	Abiturprüfung 20**22**, Aufgabe **B1**, Teilaufgabe **a (1)**

I. Analysis

Aufgaben ohne Hilfsmittel

Aufgaben mit CAS

Aufgaben mit GTR

II. Analytische Geometrie

Aufgaben ohne Hilfsmittel

Aufgaben mit CAS/GTR

III. Stochastik

Aufgaben ohne Hilfsmittel

Aufgaben mit CAS/GTR

Hinweise und Tipps zum Abitur 2024

1 Ablauf der Prüfung

Die zentrale schriftliche Abiturprüfung

In Nordrhein-Westfalen gibt es im Fach Mathematik zentrale schriftliche Abiturprüfungen. Die Aufgaben werden im Auftrag des Ministeriums für Schule und Bildung erstellt. Grundlage für die zentral gestellten Aufgaben der schriftlichen Abiturprüfung sind die verbindlichen Vorgaben der Kernlehrpläne für die gymnasiale Oberstufe.
Die schriftliche Abiturprüfung in Mathematik besteht aus einem **Prüfungsteil A**, der **hilfsmittelfrei** zu bearbeitende Aufgaben umfasst, und einem **Prüfungsteil B**, bestehend aus Aufgaben mit realitätsnahem Kontext und innermathematischen Argumentationsaufgaben **mit Hilfsmitteln**.
Seit dem Abitur 2021 haben sich die zeitlichen Vorgaben für die Bearbeitung geändert. Die Aufgaben der früheren Abiturprüfungen sind inhaltlich (allerdings nicht unbedingt vom Umfang her) als Übungsmaterial weiterhin gut geeignet.

Aufbau der Prüfungsaufgaben

Die schriftliche Abiturprüfung für den Grundkurs gliedert sich in zwei Prüfungsteile:

- Für den **Prüfungsteil A** erhält die Schule einen Satz **hilfsmittelfrei** zu bearbeitender Aufgaben, die grundlegende mathematische Kompetenzen abfragen. Er besteht aus einem Pflicht- und einem Wahlpflichtteil.
  Der **Pflichtteil** enthält drei Aufgaben: je eine Aufgabe aus der Analysis, der Vektoriellen Geometrie und der Stochastik. Alle **drei Aufgaben müssen bearbeitet** werden.
  Der **Wahlpflichtteil** enthält sechs Aufgaben: zwei aus der Analysis, zwei aus der Vektoriellen Geometrie und zwei aus der Stochastik. Die Schülerinnen und Schüler wählen ohne Einschränkungen aus diesen sechs Aufgaben **zwei Aufgaben** aus, die sie lösen.
  Insgesamt werden also im Prüfungsteil A **fünf Aufgaben** bearbeitet.
  Beim Lösen der Aufgaben darf **kein Taschenrechner** und **keine Formelsammlung** verwendet werden.
- Für den **Prüfungsteil B** erhält die Schule zwei Aufgabensätze – einen GTR-Aufgabensatz und einen CAS-Aufgabensatz. Jeder Aufgabensatz beinhaltet zwei Analysisaufgaben, eine Aufgabe zur Vektoriellen Geometrie und eine Stochastikaufgabe.

Die **Fachlehrkraft** stellt aus einem der beiden Aufgabensätze (GTR oder CAS) die Aufgaben für den Prüfungsteil B nach folgenden Vorgaben zusammen:
Die Lehrkraft wählt eine der beiden Analysisaufgaben aus. Die Aufgabe zur Vektoriellen Geometrie und die Aufgabe zur Stochastik sind verbindlich festgelegt. Insgesamt gibt es also eine **Analysisaufgabe**, eine Aufgabe zur **Vektoriellen Geometrie** und eine Aufgabe zur **Stochastik**.

Zugelassene **Hilfsmittel** für den Prüfungsteil B:

- GTR (grafikfähiger Taschenrechner) **oder** CAS (Computer-Algebra-System)
- Mathematische Formelsammlung
- Deutsches Wörterbuch

Dauer der Prüfung

Für die Bearbeitung stehen den Schülerinnen und Schülern im Grundkurs insgesamt **255 Minuten** zur Verfügung. Dabei beträgt die Arbeitszeit einschließlich Auswahlzeit für den Prüfungsteil A, der zu Beginn der Prüfung bearbeitet wird, maximal 90 Minuten. Sobald die Schülerinnen und Schüler mit dem Prüfungsteil A fertig sind, können sie ihre Ausarbeitungen bei der Aufsicht führenden Lehrkraft abgeben. Sie erhalten dann die Aufgaben des Prüfungsteils B, einschließlich der zugelassenen Hilfsmittel.
Sollte der Prüfungsteil A schneller bearbeitet werden können, darf auch schon früher mit dem Prüfungsteil B begonnen werden. Dann steht für diesen entsprechend mehr Zeit zur Verfügung.

2 Inhaltliche Schwerpunkte und Fokussierungen 2024

Die inhaltlichen **Schwerpunkte und Fokussierungen** für den **Grundkurs** Mathematik in der **Abiturprüfung 2024** sind folgende:

Schwerpunkte und Fokussierungen	**Beispiele**
Funktionen und Analysis	
• Funktionen als mathematische Modelle	2022 – Aufgabe B2 (CAS)
• Fortführung der Differenzialrechnung	
– Untersuchung von ganzrationalen Funktionen	2022 – Aufgabe B2 (CAS)
– Untersuchung von Funktionen des Typs $f(x) = p(x)e^{ax+b}$, wobei p(x) ein Polynom mit maximal drei Summanden ist	2022 – Aufgabe B1 (CAS)
– Untersuchung von Funktionen, die sich als einfache Summe der oben genannten Funktionstypen ergeben	2022 – Aufgabe A3, Teilaufgabe b
– Interpretation und Bestimmungen von Parametern der oben genannten Funktionen	2022 – Aufgabe B1 (CAS), Teilaufgabe d
– notwendige Ableitungsregeln (Produkt-, Kettenregel)	2022 – Aufgabe A3, Teilaufgabe b (2)

• Grundverständnis des Integralbegriffs • Integralrechnung	2021 – Aufgabe B2 (GTR/CAS), Teilaufgabe b (3) 2022 – Aufgabe A3, Teilaufgabe b (3)
Analytische Geometrie und Lineare Algebra • lineare Gleichungssysteme • Darstellung und Untersuchung geometrischer Objekte • Lagebeziehungen • Skalarprodukt	 2021 – Aufgabe B3, Teilaufgabe b (1) 2022 – Aufgabe B3 (GTR/CAS) 2021 – Aufgabe A3, Teilaufgabe d (2) 2022 – Aufgabe B3 (GTR/CAS), Teilaufgabe a (2)
Stochastik • Kenngrößen von Wahrscheinlichkeitsverteilungen • Binomialverteilung	 2021 – Aufgabe B4 (GTR/CAS) 2022 – Aufgabe B4 (GTR/CAS)

3 Leistungsanforderung und Bewertung

Im Grundkurs beläuft sich die Höchstpunktzahl für den Prüfungsteil A (ohne Hilfsmittel) auf 25 Punkte und für den Prüfungsteil B (mit Hilfsmitteln) auf 75 Punkte (Analysis 35 Punkte, Vektorielle Geometrie und Stochastik jeweils 20 Punkte).

Die Bewertung der Klausuraufgaben erfolgt auf der Grundlage eines der Aufgabenstellung beigefügten Bewertungsschemas. Darin sind Teilleistungen ausgewiesen, die die mit der jeweiligen Aufgabe verbundenen Anforderungen aufschlüsseln. Das Bewertungsschema ist Grundlage der Beurteilung. Von der Modelllösung abweichende Lösungen werden entsprechend bewertet, die für die Aufgabenstellung vorgesehene Höchstpunktzahl kann aber nicht überschritten werden. Ferner können nur ganze Punktzahlen vergeben werden. Ausschlaggebend ist hier die fachliche Richtigkeit und Vollständigkeit.

Ein weiteres wichtiges Bewertungskriterium ist die Darstellungsleistung, in welche der richtige Einsatz der Fachsprache und die Strukturiertheit der Ausführungen einfließen. Die Bewertung der Darstellungsleistung wird in die Bewertung der inhaltlichen Leistungen integriert. Punktabzug aufgrund von gehäuften Verstößen gegen die sprachliche Richtigkeit (Rechtschreibung und Grammatik) kann im Anschluss an die Bewertung der inhaltlichen Leistungen erfolgen.

4 Operatoren und Anwendungsbereiche

Bei der Formulierung der zentralen Prüfungsaufgaben werden sogenannte **Operatoren** verwendet, die sicherstellen sollen, dass unter einer bestimmten Aufgabenstellung das Gleiche verstanden wird. Um die Aufgabenstellungen korrekt erfassen zu können, ist es sehr zu empfehlen, sich mit diesen Operatoren auseinanderzusetzen. Im Folgenden befindet sich eine vollständige Liste dieser Operatoren:
Es können auch Operatoren verwendet werden, die nicht in dieser Liste enthalten sind, wenn davon auszugehen ist, dass die jeweilige Aufgabe im Sinne der Aufgabenstellung bearbeitet werden kann. Beispiele hierfür sind: herleiten, ordnen, prüfen, vergleichen, darstellen.
Die Operatoren können durch Zusätze (wie „rechnerisch“ oder „grafisch“) konkretisiert werden.

Operator	**Definition**	**Beispiel**
angeben, nennen	Objekte, Sachverhalte, Begriffe, Daten ohne nähere Erläuterungen, Begründungen und ohne Darstellung von Lösungsansätzen oder Lösungswegen aufzählen.	2022 – Aufgabe B5 (CAS), Teilaufgabe a (1)
entscheiden	Sich bei Alternativen eindeutig auf eine Möglichkeit festlegen, eine Begründung ist nicht erforderlich (sofern sie nicht durch einen ergänzenden Operator gefordert wird).	Übungsaufgaben – Aufgabe A, Teilaufgabe h (2)
beurteilen	Zu Sachverhalten ein selbstständiges Urteil unter Verwendung von Fachwissen und Fachmethoden formulieren und begründen.	2021 – Aufgabe B2 (GTR/CAS), Teilaufgabe c (2)
beschreiben	Zu Sachverhalten ein selbstständiges Urteil unter Verwendung von Fachwissen und Fachmethoden formulieren und begründen.	2021 – Aufgabe B4 (GTR/CAS), Teilaufgabe a (2)
erläutern	Sachverhalte verständlich und nachvollziehbar machen und in Zusammenhänge einordnen.	2022 – Aufgabe B1 (CAS), Teilaufgabe c (1)
deuten, interpretieren	Zusammenhänge bzw. Ergebnisse begründet auf gegebene Fragestellungen beziehen.	2022 – Aufgabe B2 (CAS), Teilaufgabe a (1)
begründen, nachweisen, zeigen	Aussagen oder Sachverhalte durch Gesetzmäßigkeiten bzw. kausale Zusammenhänge bestätigen. Die Art des Vorgehens, die frei wählbar ist, dokumentieren.	2022 – Aufgabe B3 (GTR/CAS), Teilaufgabe a (2)

Operator	Definition	Beispiel
berechnen	Ergebnisse mit Darstellung von Ansatz und Berechnung gewinnen.	2021 – Aufgabe A3, Teilaufgabe a (2)
bestimmen, ermitteln	Zusammenhänge bzw. Lösungswege aufzeigen, das Vorgehen darstellen und die Ergebnisse formulieren.	2022 – Aufgabe B4 (GTR/CAS), Teilaufgabe a (2)
untersuchen	Sachverhalte, Probleme, Fragestellungen nach bestimmten, fachlich üblichen bzw. sinnvollen Kriterien bearbeiten und das Vorgehen darstellen.	2022 – Aufgabe B1 (CAS), Teilaufgabe a (2)
grafisch darstellen, zeichnen	Hinreichend exakte grafische Darstellungen von Objekten oder Daten anfertigen.	2021 – Aufgabe B1 (GTR), Teilaufgabe b (1)
skizzieren	Wesentliche Eigenschaften von Sachverhalten oder Objekten grafisch darstellen (auch Freihandskizzen möglich).	2021 – Aufgabe A3, Teilaufgabe b (2)

5 Methodische Hinweise und allgemeine Tipps zur schriftlichen Prüfung

Vorbereitung

- Bereiten Sie sich **langfristig** (spätestens ab Januar) auf die Abiturprüfung vor und fertigen Sie sich eine Übersicht über die von Ihnen bereits bearbeiteten Themen, Inhalte und Verfahren an. Teilen Sie die Inhalte in sinnvolle Teilbereiche ein und legen Sie fest, bis wann Sie welche Teilbereiche bearbeitet haben wollen.
  Es ist zweckmäßig, alle schriftlichen Bearbeitungen dieser Aufgaben übersichtlich aufzubewahren, das erleichtert spätere Wiederholungen.
- Benutzen Sie zur Prüfungsvorbereitung neben diesem Übungsbuch Ihre **Unterrichtsaufzeichnungen** und das Lehrbuch.
- Verwenden Sie während der Prüfungsvorbereitung grundsätzlich die **Hilfsmittel**, die auch in der Prüfung zugelassen sind. Prägen Sie sich wichtige Seiten in Ihrer Formelsammlung ein und nutzen Sie Ihren Taschenrechner mit allen Funktionen.
- Oft ist der Zeitfaktor ein großes Problem. Testen Sie, ob Sie eine Aufgabe in der dafür vorgegebenen Zeit allein lösen können. **Simulieren Sie selbst eine Prüfungssituation.**
- Gehen Sie optimistisch in die Prüfung. Wer sich gut vorbereitet hat, braucht sich keine Sorgen zu machen.

Bearbeitung der Prüfung

- Es ist hilfreich, wenn Sie bei der Analyse der Aufgabenstellungen wichtige Angaben oder Informationen (z. B. gegebene Größen, Lösungshinweise) **farbig markieren**.
- Um den Lösungsansatz zu einer Aufgabe zu finden oder die gegebene Problemstellung zu veranschaulichen, kann das **Anfertigen einer Skizze** nützlich sein.
- Beachten Sie, dass in manchen Teilaufgaben „**Zwischenlösungen**" angegeben sind, die Ihnen als Kontrolle dienen bzw. mit denen Sie weiterarbeiten können.
- Falls Sie mit einer Aufgabe gar nicht weiterkommen, so halten Sie sich nicht zu lange daran auf. Versuchen Sie, mit der nächsten Teilaufgabe oder mit einer Aufgabe aus einem anderen Schwerpunkt weiterzumachen. Wenn Sie die anderen Aufgaben bearbeitet haben, kommen Sie nochmals auf die angefangene Aufgabe zurück und versuchen Sie in Ruhe, eine Lösung zu finden.
- Achten Sie auf die **sprachliche Richtigkeit** und eine **saubere äußere Form** Ihrer Lösungen.

Lösungsplan

Aufgrund des Umfangs und der Komplexität von Aufgaben auf Abiturniveau empfiehlt es sich, beim Lösen systematisch zu arbeiten. Folgende Vorgehensweise hilft Ihnen dabei:

Schritt 1:
Nehmen Sie sich ausreichend Zeit zum **Analysieren** der Aufgabenstellung. Stellen Sie fest, zu welchem Themenbereich die Aufgabe gehört. Sammeln Sie alle Informationen, welche direkt gegeben sind, und achten Sie darauf, ob evtl. versteckte Informationen enthalten sind.

Schritt 2:
Markieren Sie die **Operatoren** in der Aufgabenstellung. Diese geben an, was in der Aufgabe von Ihnen verlangt wird, insbesondere auch, ob und in welcher Form der Taschenrechner verwendet werden darf. Vergegenwärtigen Sie sich die Bedeutung der verwendeten Fachbegriffe.

Schritt 3:
Versuchen Sie, den Sachverhalt zu veranschaulichen. Fertigen Sie gegebenenfalls mithilfe der Angaben und Zwischenergebnisse aus vorherigen Teilaufgaben eine **Skizze** an.

Schritt 4:
Erarbeiten Sie nun schrittweise den **Lösungsplan**, um aus den gegebenen Größen die gesuchte Größe zu erhalten. Notieren Sie sich, welche Einzel- bzw. Zwischenschritte auf dem Lösungsweg notwendig sind. Prinzipiell haben Sie zwei Möglichkeiten, oft hilft auch eine Kombination beider Vorgehensweisen:

- Sie gehen vom Gegebenen aus und versuchen, das Gesuchte zu erschließen.
- Sie gehen von dem Gesuchten aus und überlegen „rückwärts", wie Sie zur Ausgangssituation kommen.

Bei diesem Schritt wird dann sukzessive die **Lösung dargestellt**.

Schritt 5:
Suchen Sie nach geeigneten Möglichkeiten, das Endergebnis zu **kontrollieren**. Oftmals sind bereits Überschlagsrechnungen, Punktproben oder Grobskizzen ausreichend.

Anhand der folgenden **Beispielaufgabe** werden diese Schritte veranschaulicht:

Gegeben ist eine Schar von Funktionen f_k durch die Gleichung $f_k(x)=kx^3+4x^2$ mit $k \in \mathbb{R}\setminus\{0\}$. Der Graph von f_k sei G_k.

a) Untersuchen Sie rechnerisch G_k auf Extrempunkte.

b) Zeigen Sie: Die Stammfunktion der Schar ist

$$F_k(x)=\frac{k}{4}x^4+\frac{4}{3}x^3.$$

Berechnen Sie für $k=-1$ die Fläche, die G_k mit der x-Achse einschließt.

Lösungsvorschlag für Teilaufgabe a:

Schritt 1:

- Themenbereich: Kurvendiskussion einer Funktionenschar
- Der Funktionsterm weist einen Parameter $k \in \mathbb{R}\setminus\{0\}$ auf. Dieser Parameter bereitet jedoch beim Rechnen keine Probleme, solange er nicht im Nenner, unter einer Wurzel usw. steht. Er wird ganz normal wie eine Zahl behandelt.
- Der Definitionsbereich ist nicht angegeben, daher wird $\mathbb{R}$ als der größtmögliche angenommen.

Schritt 2:

- Der Operator „Untersuchen Sie" bedeutet, mögliche Eigenschaften festzustellen und anzugeben.
- Unter Extrempunkten versteht man Hoch- oder Tiefpunkte.

Schritt 3:
Veranschaulichen Sie im Grafikfenster Ihres Taschenrechners die Graphen der Funktionenschar, indem Sie den Parameter der Funktion mithilfe eines Schiebereglers variieren oder indem Sie für den Parameter geeignete Zahlen einsetzen und die Graphen zeichnen lassen.

Schritt 4:
Ausgehend von der gegebenen Funktionenschar werden mögliche Extremstellen berechnet und damit Art und Lage der Extrempunkte bestimmt:

- f_k ist ein Polynom und lässt sich trotz Parameter leicht ableiten (Summenregel, Faktorregel, Potenzregel):

  $$f_k'(x) = 3kx^2 + 8x$$

  Die Nullstellen der Ableitung sind mögliche Extremstellen:

  $$3kx^2 + 8x = x \cdot (3kx + 8) = 0 \overset{k \neq 0}{\Leftrightarrow} x = 0 \vee x = -\frac{8}{3k}$$

- Ob tatsächlich Extremstellen vorliegen, lässt sich durch Einsetzen in die zweite Ableitung überprüfen:

  $$f_k''(x) = 6kx + 8$$

  $$f_k''(0) = 8 > 0 \Rightarrow \text{ Minimum bei } x = 0$$

  $$f_k''\left(-\frac{8}{3k}\right) = 6k\left(-\frac{8}{3k}\right) + 8 = -8 < 0 \Rightarrow \text{ Maximum bei } x = -\frac{8}{3k}$$

- Da die Extrempunkte gesucht sind, braucht man noch die y-Koordinate. Dazu werden die Extremstellen in den Funktionsterm f_k eingesetzt:

  $$f_k(0) = 0$$

  $$f_k\left(-\frac{8}{3k}\right) = k\left(-\frac{8}{3k}\right)^3 + 4\left(-\frac{8}{3k}\right)^2 = -\frac{512}{27k^2} + \frac{256 \cdot 3}{3 \cdot 9k^2} = \frac{256}{27k^2}$$

- Ergebnis:

  $$\text{Tiefpunkt } (0 \mid 0) \text{ und Hochpunkt } \left(-\frac{8}{3k} \,\middle|\, \frac{256}{27k^2}\right)$$

Schritt 5:
Um das Ergebnis zu überprüfen, könnte man die Funktion f_k für ein gewähltes k skizzieren. Ablesen der Extrempunkte aus dem Graphen ermöglicht einen Vergleich mit den berechneten Punkten.

Lösungsvorschlag für Teilaufgabe b:

Schritt 1:

- Themenbereich: Flächenberechnung mithilfe eines Integrals
- Es sind die Funktion, die Stammfunktion und der Parameterwert $k = -1$ gegeben. Weiter ist implizit gegeben, dass die Funktion mindestens zwei verschiedene Nullstellen hat, weil der Graph eine Fläche mit der x-Achse einschließt.

Schritt 2:

- Der erste Operator ist „Zeigen Sie“; das bedeutet, dass Sie die Aussage mithilfe von Berechnungen bestätigen sollen. Die Funktion und die zugehörige Stammfunktion sind dabei gegeben.

- Um zu zeigen, dass F(x) eine Stammfunktion von f(x) ist, kann entweder f(x) integriert oder F(x) abgeleitet werden. Es muss dann $F'(x)=f(x)$ gelten. Da das Bilden der Ableitung leichter ist, als die Funktion zu integrieren, bietet es sich hier an, die Stammfunktion abzuleiten.

$$F(x)=\frac{k}{4}x^4+\frac{4}{3}x^3$$

$$F'(x)=kx^3+4x^2 \Rightarrow F'(x)=f(x)$$

- Der zweite Operator in der Aufgabe ist „Berechnen Sie"; das bedeutet, dass Sie das Ergebnis durch Berechnungen erzielen sollen.

Schritt 3:

Nutzen Sie die Lage des Hochpunkts und die Vorgabe $k=-1$, um den Graphen zu skizzieren.

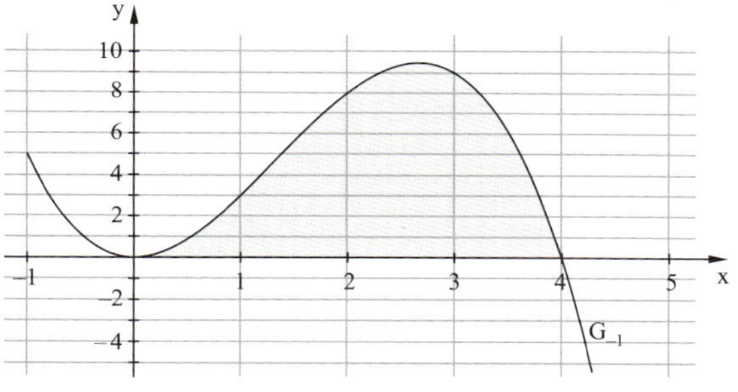

Schritt 4: Vom Gegebenen zum Gesuchten

Wie Sie an der Lösungsskizze erkennen, brauchen Sie für die Bestimmung der Fläche die beiden Nullstellen:

$$-x^3+4x^2=0 \Leftrightarrow x^2(-x+4)=0 \Leftrightarrow x_1=0 \vee x_2=4$$

Für die Berechnung der Fläche benötigen Sie die Stammfunktion der Funktion, die angegeben ist:

$$\int_0^4 f(x)\,dx=[F(x)]_0^4=\left[-\frac{1}{4}x^4+\frac{4}{3}x^3\right]_0^4=-\frac{256}{4}+\frac{256}{3}=\frac{256}{12}=\frac{64}{3}$$

Schritt 4: Vom Gesuchten zum Gegebenen

Um die gesuchte Fläche zu berechnen, benötigen Sie die Stammfunktion der Funktion, die angegeben ist:

$$\int_{x_1}^{x_2} f(x)\,dx=[F(x)]_{x_1}^{x_2}=\left[-\frac{1}{4}x^4+\frac{4}{3}x^3\right]_{x_1}^{x_2}$$

Für die Berechnung des Integrals benötigen Sie die Integralgrenzen. Diese sind die Nullstellen der Funktion, wie Sie an der Lösungsskizze erkennen können.

$$-x^3+4x^2=0 \Leftrightarrow x^2(-x+4)=0 \Leftrightarrow x_1=0 \vee x_2=4$$

Damit ergibt sich für das Integral:

$$\left[-\frac{1}{4}x^4+\frac{4}{3}x^3\right]_{x_1}^{x_2}=\left[-\frac{1}{4}x^4+\frac{4}{3}x^3\right]_0^4=-\frac{256}{4}+\frac{256}{3}=\frac{256}{12}=\frac{64}{3}$$

Schritt 5:
Um die Fläche abzuschätzen, können Sie in der Skizze die Kästchen abzählen, die von dem Graphen und der x-Achse eingeschlossen werden. Man erhält ca. 21 Kästchen, das passt gut zu dem errechneten Wert.

6 Hinweise zum Lösen mit dem GTR bzw. CAS

Der GTR bzw. das CAS ist ein Hilfsmittel zum Lernen (und auch zum Lehren) von Mathematik. In den vergangenen Jahren ist Ihnen der GTR bzw. das CAS ein selbstverständlicher Begleiter beim Lösen von mathematischen Aufgabenstellungen geworden. Die folgenden Hinweise haben für alle GTR bzw. CAS Gültigkeit, sodass Sie die Hinweise auf das von Ihnen verwendete System übertragen können.

Vor der Prüfung

- Achten Sie vor Prüfungen (und insbesondere vor der Abiturprüfung) darauf, dass Sie den Akku Ihres Geräts geladen bzw. neue Batterien eingesetzt oder als Ersatz griffbereit haben.
- Vor Beginn der Prüfung sind die GTR- bzw. CAS-Geräte in einen einheitlichen Ausgangszustand zu versetzen. Ihre Schule hat dazu spezielle (systemabhängige) Anweisungen. Es kann sein, dass Ihr System in einen Prüfungsmodus versetzt wird – ebenso ist es denkbar, dass der Speicher vollständig gelöscht wird. Wenn Sie auf Ihrem System Dateien gespeichert haben, die Sie später wieder benötigen, sollten Sie vorher zu Hause ein Back-up durchführen.
- Machen Sie sich rechtzeitig mit Bedienungshilfen Ihres Systems vertraut. So kann man z. B. den Kontrast oder die Bildschirmhelligkeit ändern (das kann bei bestimmten Lichtverhältnissen im Prüfungsraum nützlich sein). Bei manchen Systemen kann man auch Schriftgrößen ändern. Sie sollten auch wissen, wo Sie die Sprachlokalisation einstellen – wenn Sie in der Prüfung versehentlich Ihr System z. B. auf norwegische Sprache einstellen, sollten Sie wissen, wie Sie dies wieder ändern können.
- Machen Sie sich damit vertraut, wo Sie Grundeinstellungen Ihres Systems ändern können, z. B. die Anzahl angezeigter Dezimalstellen oder das Winkelmaß, in dem Ihr System in der Grundeinstellung rechnet.
- Machen Sie sich mit dem Variablenmanagement Ihres Geräts vertraut, sodass Sie Variablen löschen können oder überprüfen können, welche Variablen belegt sind. Das kann vermeintliche Fehlberechnungen (zustande gekommen durch belegte Variablen) verhindern. Manche Geräte zeigen sogar bereits bei der Eingabe an, wenn eine Variable durch einen Wert belegt ist.

- Machen Sie sich mit dem Dokumentenmanagement Ihres Systems vertraut. Moderne Geräte eröffnen die Möglichkeit, Berechnungen in Dokumenten zu speichern. Sie sollten wissen, wie Sie neue Dokumente erzeugen, abspeichern, editieren und später darauf zugreifen können.
- Ihr Gerät besitzt eine „Rückgängig-Funktion". Sie sollten wissen, wie Sie diese benutzen können.
- Machen Sie sich rechtzeitig mit den Hilfesystemen Ihres Geräts vertraut. So gibt es z. B. die Möglichkeit, zu einzelnen Befehlen eine kleine Syntax-Erklärung anzeigen zu lassen. Das kann bei Unsicherheiten während der Prüfung hilfreich sein.
- Machen Sie sich mit dem Funktionsplotter Ihres Systems vertraut, sodass Sie Sicherheit im Einstellen des Anzeigebereichs gewinnen. Für verschiedene Bedürfnisse gibt es oftmals eigene Einstellungsmöglichkeiten (automatische Anpassung an vorher gewählten x-Bereich, Auswahl bestimmter Quadranten u. Ä.).
- CAS rechnen (nach Möglichkeit) exakt. Machen Sie sich damit vertraut, wie Sie bewusst Näherungslösungen erzwingen können.
- Entwickeln Sie eine eigene Systematik für die Vergabe von Variablen und Bezeichnungen. Beispiele:
  - „f(x)" für den Funktionsterm
  - „a1f(x)" für den Term der ersten Ableitung
  - „a2f(x)" für den Term der zweiten Ableitung
  - „va", „vb" für die Vektoren $\vec{a}$ und $\vec{b}$
  - „a" für den Ortsvektor des Punktes A
  - „gg(x)", „gh(x)" für die Gerade g bzw. die Gerade h
  - …

Während der Prüfung

- Wenn Ihr Gerät ein Dokumentenmanagement besitzt, sollten Sie sich angewöhnen, für zumindest jede größere Aufgabenstellung ein eigenes Dokument zu verwenden. Das hat den Vorteil, dass in einem neuen Dokument der Variablenspeicher zurückgesetzt wird und Sie daher jeden Variablennamen im Dokument nutzen können. Zudem können Sie dadurch Fehler durch unwissentliches Übernehmen von Variablen, die bereits mit Werten belegt sind, vermeiden. Wenn Sie im weiteren Verlauf der Prüfung an einer anderen Aufgabe arbeiten, können Sie das zugehörige Dokument öffnen und müssen nicht alle Variablen und Funktionen neu definieren.
- Es ist zweckmäßig, Namen von Variablen und Funktionen so zu wählen, wie sie in der Aufgabenstellung vorgegeben werden. Achten Sie darauf, dass Sie den gleichen Namen nicht mehrfach vergeben und dadurch die definierten Werte oder Terme überschreiben. Manche Geräte können jedoch nur mit der Variable x umgehen, benennen Sie daher bei der Eingabe im Rechner z. B. das t in f(t) entsprechend in x als f(x) um.

- Sollte ein unerwartetes Ergebnis auftreten, überprüfen Sie immer Ihre Eingabe. So kann es sein, dass z. B. der Term „$ab - a \cdot b$" nicht von Ihrem Gerät vereinfacht wird, weil Sie im ersten Teil vergessen haben, das Multiplikationszeichen einzugeben und Ihr Gerät nun dies als eigenständige Variable „ab" interpretiert.
- Machen Sie sich stets die vorliegende Situation klar und prüfen Sie die von Ihrem Gerät erhaltenen Ergebnisse auf Plausibilität. Vertrauen Sie Ihrem Gerät nicht blind.
- Vergessen Sie nicht, dass Sie mit einem GTR bzw. CAS schnell z. B. Funktionsgraphen erhalten. Das kann Überlegungen unterstützen, wie z. B. die Frage nach Vorzeichenbereichen oder Steigungsverhalten.
- Beachten Sie die Formulierung von Aufgabenstellungen. Manchmal werden Anforderungen an die Dokumentation von Lösungen gestellt.

Zur Dokumentation von Lösungen

- Dokumentieren Sie Ihre Lösungen nachvollziehbar.
- Bei Ihrer Dokumentation soll erkennbar sein, auf welche Art und in welchem Umfang Sie Ihr Gerät eingesetzt haben.
  Beispiel: Sie lösen die Gleichung $3x^3 - 2x^2 + 2 = 1$ und dokumentieren:

  $3x^3 - 2x^2 + 2 = 1$
  GTR/CAS: $x \approx -0{,}528$

- Verzichten Sie in Ihren Lösungen auf Syntax.
- Kommt in der Aufgabenstellung der Operator „berechnen" oder der Zusatz „rechnerisch" in Verbindung mit einem anderen Operator vor, müssen Sie sowohl den Ansatz als auch den Rechenweg mit den einzelnen Berechnungen dokumentieren. Alle mathematischen Ausdrücke wie z. B. Gleichungen oder Terme sind explizit anzugeben. Die Ermittlung der Lösung z. B. durch ein Abtasten des Graphen oder die Angabe des entsprechenden Rechnerbefehls reichen nicht aus.
- Achten Sie darauf, die mit dem GTR oder CAS gewonnenen Ergebnisse auch in den Sachzusammenhang einzuordnen.
- Kommt in der Aufgabenstellung das Wort „exakt" vor, so reicht eine Lösung mit dem GTR nicht aus. Ein GTR liefert meistens nur Näherungslösungen.

Übungsaufgaben im Stil der Abiturprüfung
Prüfungsteil A – Aufgaben ohne Hilfsmittel

Pflichtteil

a) Gegeben sind die Funktionen f und g mit den Gleichungen
$f(x) = 3x^2 - 12x + 9,\ x \in \mathbb{R}$ und $g(x) = -3x + 9,\ x \in \mathbb{R}$.

(1) Ermitteln Sie die Schnittstellen der Graphen der Funktionen f und g.

(2) Berechnen Sie den Inhalt der Fläche, die von den Graphen der Funktionen f und g begrenzt wird.

b) Gegeben sind die Punkte $A(1\,|\,2\,|\,-1)$, $B(-3\,|\,6\,|\,-3)$ und $D(3\,|\,6\,|\,3)$.

(1) Zeigen Sie, dass das Dreieck ABD rechtwinklig-gleichschenklig ist.

(2) Ergänzen Sie das Dreieck ABD durch einen weiteren Punkt C zu einem Parallelogramm ABCD.
Erläutern Sie, um welche besondere Art von Parallelogramm es sich handelt.

c) Der Fußballverein Fortuna 09 veranstaltet zur Aufbesserung seiner Vereinskasse beim nächsten Heimspiel eine Lotterie. Es werden Lose zum Preis von 2 € das Stück verkauft. In der Lotterie befinden sich nur Nieten oder Gewinne. Jeder Gewinn beträgt 5 €. Von den insgesamt 1 000 zur Verfügung stehenden Losen sind 850 Nieten.

(1) Ordnen Sie den folgenden Ereignissen den korrekten Term zur Berechnung der Wahrscheinlichkeit zu, wenn die Zufallsgröße X die Anzahl der Gewinne angibt.

A: Von 10 gekauften Losen gewinnt kein Los.

B: Von 10 gekauften Losen sind genau 2 Gewinnlose.

C: Unter 10 gekauften Losen ist mindestens ein Gewinnlos.

$P_1 = \binom{10}{0} \cdot 0{,}85^0 \cdot 0{,}15^{10}$ $\qquad$ $P_2 = \binom{10}{8} \cdot 0{,}15^8 \cdot 0{,}85^2$

$P_3 = 10 \cdot 0{,}15^1 \cdot 0{,}85^9$ $\qquad$ $P_4 = \binom{10}{2} \cdot 0{,}15^2 \cdot 0{,}85^8$

$P_5 = \binom{10}{0} \cdot 0{,}15^0 \cdot 0{,}85^{10}$ $\qquad$ $P_6 = 1 - 0{,}85^{10}$

(2) Ein Fan kauft 10 Lose.
Berechnen Sie seinen erwarteten Gewinn bzw. Verlust.

Wahlpflichtteil

d) Gegeben ist die Funktion g mit der Gleichung $g(x) = 2e^{-x}$, $x \geq 0$.

(1) Eine der folgenden Abbildungen zeigt den Graphen der Funktion g. Geben Sie begründet an, welche Abbildung dies ist.

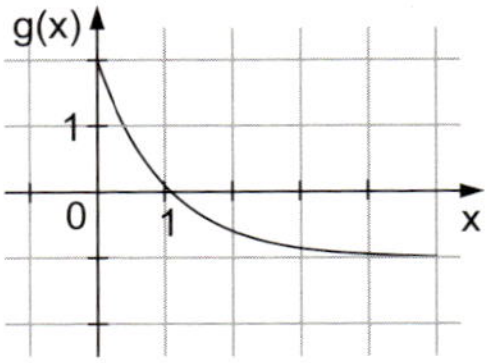

Abbildung 1

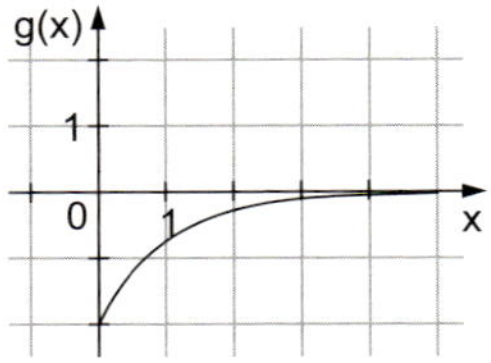

Abbildung 2

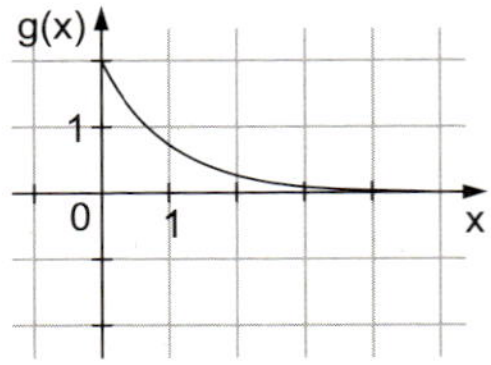

Abbildung 3

(2) Zusätzlich ist die Funktion f gegeben mit der Gleichung $f(x) = -0{,}5x^2 - 2x + 2,\ x \leq 0$.
Überprüfen Sie, ob die Graphen der Funktionen f und g an der Stelle $x = 0$ knickfrei (glatt) ineinander übergehen.

e) Gegeben ist die Funktion f mit der Gleichung $f(x) = (x-2) \cdot e^x,\ x \in \mathbb{R}$.

(1) Zeigen Sie, dass die Funktion F mit der Gleichung $F(x) = (x-3) \cdot e^x$ eine Stammfunktion von f ist, und geben Sie die Gleichung einer weiteren Stammfunktion G von f an, die $G(0) = -2$ erfüllt.

(2) Die Abbildung rechts zeigt den Graphen der Funktion f und einen beliebigen Punkt P auf dem Funktionsgraphen im IV. Quadranten. O sei der Koordinatenursprung und Q ein Punkt auf der x-Achse. Das im Punkt Q rechtwinklige Dreieck OPQ soll maximalen Flächeninhalt haben.
Begründen Sie, dass

$$A(x) = -\frac{1}{2} \cdot x \cdot f(x),\ 0 \leq x \leq 2$$

eine geeignete Zielfunktion für dieses Extremalproblem ist.

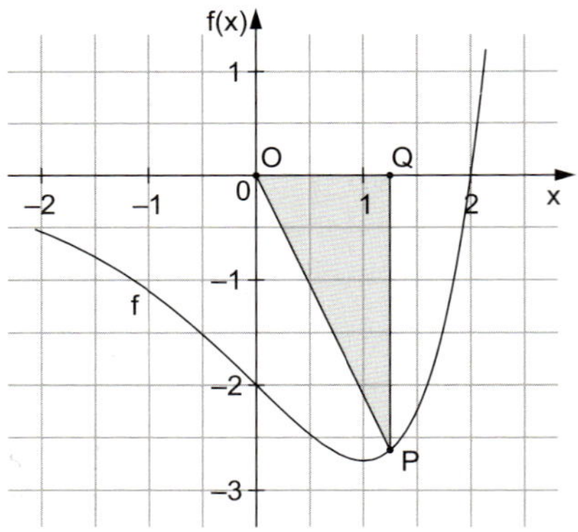

Abbildung

f) Die Ebene E und die Gerade g werden durch die folgenden Parametergleichungen beschrieben:

$$E: \vec{x} = \begin{pmatrix} 0 \\ 0 \\ 1 \end{pmatrix} + r \cdot \begin{pmatrix} 2 \\ 0 \\ 1 \end{pmatrix} + s \cdot \begin{pmatrix} 0 \\ 1 \\ 5 \end{pmatrix};\ r, s \in \mathbb{R} \quad \text{und} \quad g: \vec{x} = \begin{pmatrix} 1 \\ 1 \\ 1 \end{pmatrix} + t \cdot \begin{pmatrix} 6 \\ -1 \\ -2 \end{pmatrix};\ t \in \mathbb{R}$$

(1) Weisen Sie nach, dass die Gerade g echt parallel zur Ebene E verläuft.

(2) Geben Sie eine Gleichung einer weiteren Geraden h an, die parallel zu g verläuft und in der Ebene E liegt.

g) Gegeben sind die Punkte $A(-2|2|5)$ und $B(3|2|7)$. In der Ebene E liegen die x_2-Koordinatenachse und der Punkt A.

(1) Stellen Sie für die Ebene E eine Gleichung in Parameterform auf.

(2) Zeigen Sie, dass der Vektor $\overrightarrow{AB}$ senkrecht auf die Ebene E steht.

(3) Der Punkt B wird an der Ebene E gespiegelt.
Bestimmen Sie die Koordinaten des Spiegelpunktes.

h) Beim Bogenschießen trifft die 17-jährige Alina in 90 % der Fälle ins Zentrum.

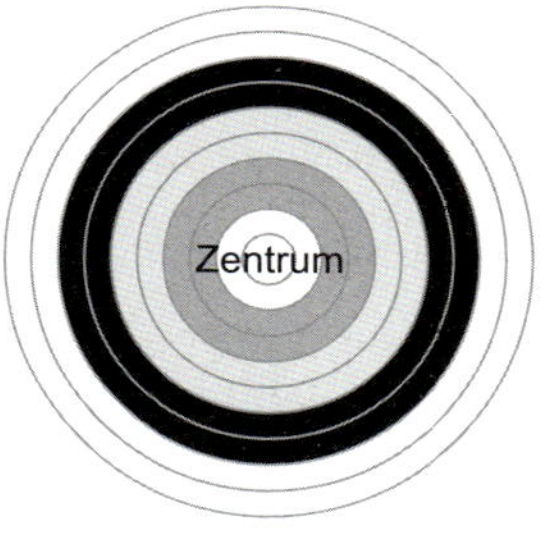

(1) Geben Sie jeweils einen Term an, mit dem die Wahrscheinlichkeit der folgenden Ereignisse berechnet werden kann:
A: Von 10 Pfeilen treffen alle ins Zentrum.
B: Von 10 Pfeilen trifft maximal einer ins Zentrum.

(2) Gegeben sind die folgenden drei Diagramme:

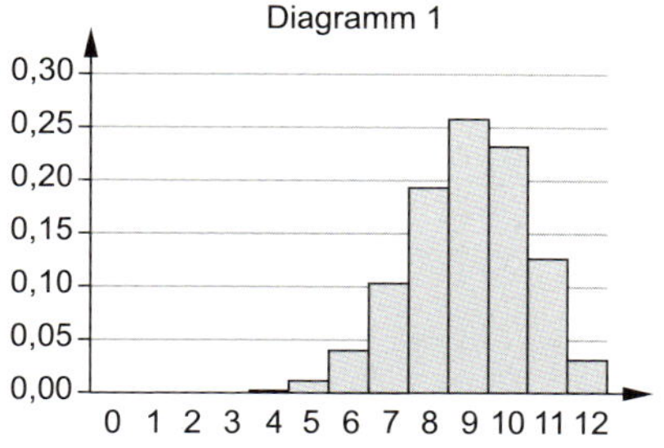

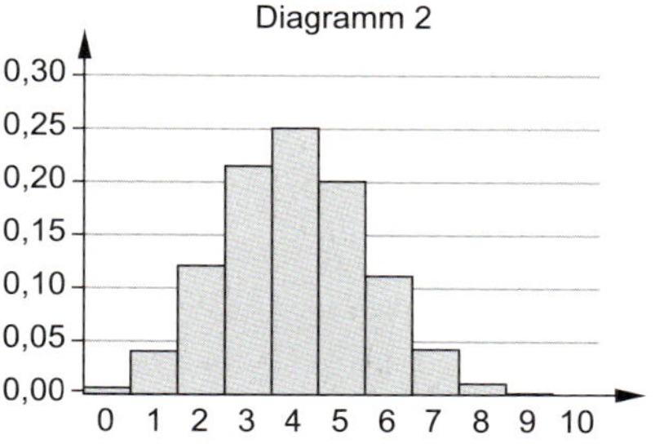

Entscheiden Sie, welches Diagramm die Wahrscheinlichkeitsverteilung für Alina beim Abschuss von 10 Pfeilen zeigt, und begründen Sie kurz, warum die beiden anderen Diagramme nicht infrage kommen.

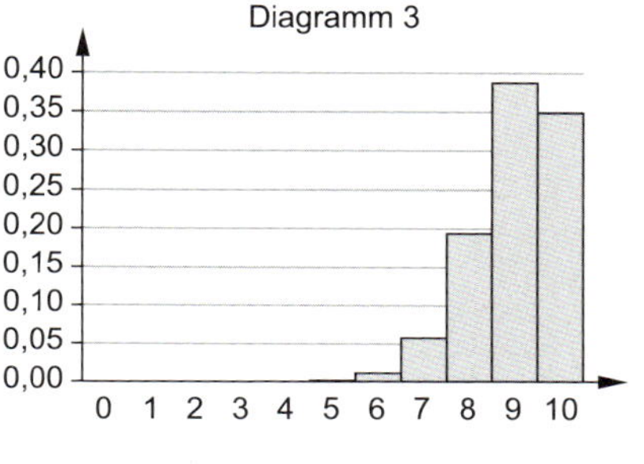

i) Elias spielt seit drei Jahren Basketball im Verein. Seine Wahrscheinlichkeit für einen Treffer im Korb beträgt $p_1 = 0{,}8$. Sein Bruder Jan hat mit dieser Sportart gerade erst begonnen. Seine Trefferwahrscheinlichkeit liegt bei $p_2 = 0{,}2$.

(1) Elias wirft fünfmal.
Geben Sie einen Term an, mit dem die Wahrscheinlichkeit für genau einen Treffer berechnet werden kann.

(2) Geben Sie für Elias ein Ereignis an, dessen Wahrscheinlichkeit durch den folgenden Term dargestellt werden kann:

$$1 - \left(\binom{5}{4} \cdot 0{,}8^4 \cdot 0{,}2^1 + \binom{5}{5} \cdot 0{,}8^5 \right)$$

(3) Die untere Abbildung 1 a zeigt die Wahrscheinlichkeitsverteilung bei fünf Würfen für Jan an.
Stellen Sie die Wahrscheinlichkeitsverteilung von Elias in Abbildung 1 b dar.

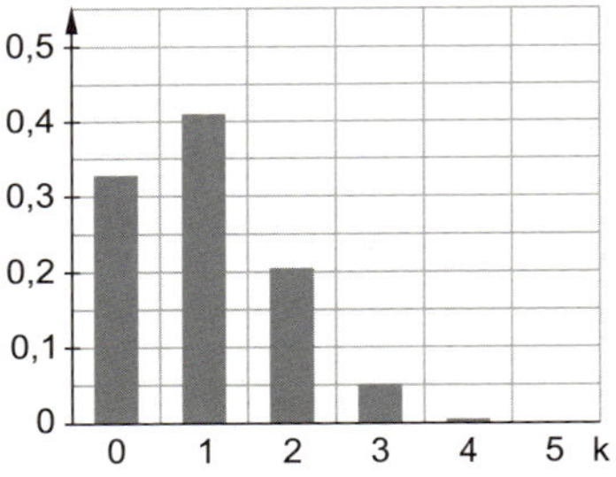

Abbildung 1 a

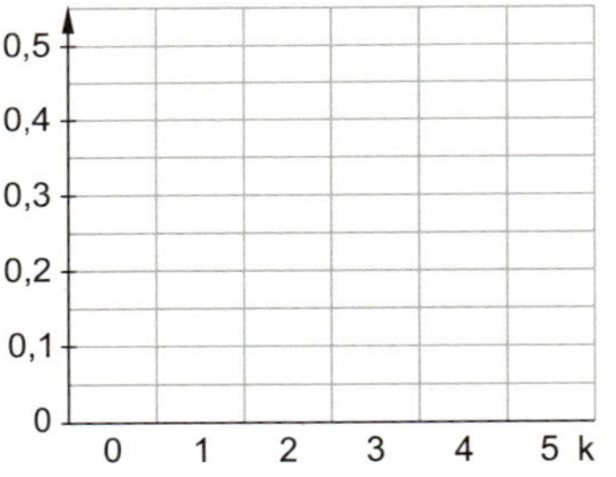

Abbildung 1 b

Hinweise und Tipps

Pflichtteil

Teilaufgabe a

(1) Setzen Sie die Funktionsterme von f und g gleich.

Ein Produkt wird null, wenn wenigstens ein Faktor null ist.

(2) Stellen Sie einen Term für die Differenzfunktion von f und g auf.

Integrieren Sie über die Differenzfunktion. Die Integrationsgrenzen sind die Schnittstellen.

Achten Sie darauf, dass eine Fläche keinen negativen Flächeninhalt besitzen kann.

Teilaufgabe b

(1) Bei einem gleichschenkligen Dreieck sind zwei Seiten gleich lang.

Für die Länge eines Vektors $\vec{v} = \begin{pmatrix} v_1 \\ v_2 \\ v_3 \end{pmatrix}$ gilt: $|\vec{v}| = \sqrt{{v_1}^2 + {v_2}^2 + {v_3}^2}$

Stehen die beiden gleich langen Seiten zudem senkrecht aufeinander, handelt es sich um ein rechtwinklig-gleichschenkliges Dreieck.

Zwei Vektoren stehen senkrecht aufeinander, wenn ihr Skalarprodukt gleich null ist.

(2) Bei einem Parallelogramm sind gegenüberliegende Seiten gleich lang und parallel, die Diagonalen halbieren sich.

Denken Sie daran, dass das Ausgangsdreieck rechtwinklig-gleichschenklig ist.

Teilaufgabe c

(1) Beachten Sie, dass die Zufallsgröße X die Anzahl der Gewinne angibt.

Überlegen Sie, wie viele Gewinnlose in der Lotterie sind und wie hoch damit die Trefferwahrscheinlichkeit p ist.

(2) Berechnen Sie den Erwartungswert für ein Los.

Beachten Sie den Kaufpreis des Loses. Dieser muss vom Gewinn abgezogen werden.

Multiplizieren Sie den Erwartungswert mit 10.

Wahlpflichtteil

Teilaufgabe d

(1) Denken Sie an den Wertebereich der natürlichen Exponentialfunktion.

(2) Zwei Graphen gehen dann knickfrei (glatt) ineinander über, wenn die Graphen an der „Nahtstelle“ den gleichen Funktionswert und die gleiche Steigung besitzen.

Überprüfen Sie beide Bedingungen.

Teilaufgabe e

(1) Die Funktion F ist dann eine Stammfunktion der Funktion f, falls $F'(x) = f(x)$ gilt.

Bestimmen Sie die Ableitung mithilfe der Produktregel.

Die Menge aller Stammfunktionen von f ist gegeben durch $G(x) = F(x) + C$, $C \in \mathbb{R}$.

Bestimmen Sie die Konstante C so, dass die Bedingung $G(0) = -2$ erfüllt ist.

(2) Der Flächeninhalt eines rechtwinkligen Dreiecks berechnet sich nach der Formel: $A = \frac{1}{2} \cdot \text{Kathete 1} \cdot \text{Kathete 2}$

Durch die Koordinaten des Punktes P sind die Längen der Katheten festgelegt.

Beachten Sie, dass der Punkt P im IV. Quadranten liegt und seine y-Koordinate daher negativ ist.

Teilaufgabe f

(1) Zeigen Sie zunächst, dass die Gerade g parallel zur Ebene E verläuft.

Was muss in diesem Fall für den Richtungsvektor der Geraden und die Spannvektoren der Ebene gelten?

Weisen Sie nach, dass sich der Richtungsvektor der Geraden als Linearkombination der Spannvektoren der Ebene darstellen lässt.

Nun könnte noch der Fall vorliegen, dass die Gerade g in der Ebene E liegt.

Schließen Sie diese Möglichkeit aus, indem Sie eine Punktprobe durchführen.

(2) Überlegen Sie, welche Eigenschaft die Richtungsvektoren paralleler Geraden erfüllen.

Wählen Sie einen geeigneten Anbindungspunkt und stellen Sie die Punkt-Richtungsform der Geraden auf.

Teilaufgabe g

(1) Die x_2-Koordinatenachse kann als Gerade aufgefasst werden.

Entnehmen Sie der Geradengleichung für die x_2-Koordinatenachse einen Anbindungspunkt und einen Spannvektor für die Ebene.

Mithilfe des Punktes A, der nicht auf der x_2-Koordinatenachse liegt, kann der zweite Spannvektor für die Ebene gebildet werden.

(2) Ein Vektor steht senkrecht zur Ebene E, wenn er zu den Spannvektoren von E orthogonal ist.

Dies kann mithilfe des Skalarproduktes gezeigt werden.

(3) Beachten Sie Ihre bisherigen Ergebnisse.

Der Abstand von Punkt und Spiegelpunkt zur Ebene E ist gleich.

Nutzen Sie aus, dass der Vektor $\overrightarrow{BA}$ senkrecht zur Ebene E verläuft und seine Länge dem Abstand des Punktes B zur Ebene E entspricht.

Teilaufgabe h

(1) Gehen Sie von der Zufallsgröße X aus, die die Anzahl der Treffer ins Zentrum angibt.

Maximal einer bei Ereignis B bedeutet, dass entweder kein Pfeil oder genau ein Pfeil trifft.

(2) Entscheiden Sie anhand des Erwartungswertes und anhand der Länge n der Binomialverteilung.

Teilaufgabe i

(1) Gehen Sie von der binomialverteilten Zufallsgröße X aus für die Anzahl der Treffer von Elias.

Welche Werte ergeben sich für n und p?

(2) Beachten Sie, dass hier Wahrscheinlichkeiten von 1 abgezogen werden. Dies stellt ein Gegenereignis dar.

Was stellen die einzelnen Wahrscheinlichkeiten dar?

(3) Bedenken Sie, dass $p_1 + p_2 = 1$ und damit $P(X_1 = k) = P(X_2 = 5 - k)$ gilt.

Das Diagramm von Elias ist daher symmetrisch zum Diagramm von Jan.

Verwenden Sie diesen Zusammenhang, um die entsprechenden Wahrscheinlichkeiten in Abbildung 1 b einzutragen.

Lösung

Pflichtteil

a) (1) Die Schnittstellen von f und g ergeben sich durch Gleichsetzen der Funktionsterme:

$$3x^2 - 12x + 9 = -3x + 9 \quad | +3x - 9$$
$$3x^2 - 9x = 0$$
$$3x \cdot (x - 3) = 0$$

Ein Produkt wird null, wenn wenigstens ein Faktor null ist.

$x_1 = 0$ oder $x_2 = 3$

(2) Zur Berechnung des Flächeninhalts wird über die Differenzfunktion integriert. Diese lautet:

$$d(x) = f(x) - g(x) = 3x^2 - 12x + 9 - (-3x + 9) = 3x^2 - 9x$$

Da Flächen immer positiv sind, wird der Betrag benötigt.

$$
\begin{aligned}
A &= \left| \int_0^3 d(x)\,dx \right| \\
&= \left| \int_0^3 (3x^2 - 9x)\,dx \right| \\
&= \left| \left[x^3 - \frac{9}{2}x^2 \right]_0^3 \right| \\
&= \left| 27 - \frac{81}{2} - 0 \right| \\
&= |\, 27 - 40{,}5 \,| \\
&= |\, -13{,}5 \,| \\
&= 13{,}5\,[\text{FE}]
\end{aligned}
$$

Statt den Betrag zu verwenden, kann auch mithilfe geeigneter Funktionswerte, z. B. f(1) und g(1), festgestellt werden, dass der Graph der Funktion g zwischen den Integrationsgrenzen oberhalb des Graphen von f verläuft. Wird als Differenzfunktion nicht $f(x) - g(x)$, sondern $g(x) - f(x)$ gewählt, ergibt sich bei der Integration auch ohne Berücksichtigung des Betrags ein positiver Wert.

b) (1) Bei einem gleichschenkligen Dreieck sind zwei Seiten gleich lang. Stehen diese beiden gleich langen Seiten senkrecht aufeinander, so ist das Dreieck rechtwinklig.

$$|\overrightarrow{AB}| = \left| \begin{pmatrix} -3 \\ 6 \\ -3 \end{pmatrix} - \begin{pmatrix} 1 \\ 2 \\ -1 \end{pmatrix} \right| = \left| \begin{pmatrix} -4 \\ 4 \\ -2 \end{pmatrix} \right| = \sqrt{16 + 16 + 4} = \sqrt{36} = 6\,[\text{LE}]$$

$$|\overrightarrow{AD}| = \left| \begin{pmatrix} 3 \\ 6 \\ 3 \end{pmatrix} - \begin{pmatrix} 1 \\ 2 \\ -1 \end{pmatrix} \right| = \left| \begin{pmatrix} 2 \\ 4 \\ 4 \end{pmatrix} \right| = \sqrt{4 + 16 + 16} = \sqrt{36} = 6\,[\text{LE}]$$

$$|\overrightarrow{BD}| = \left| \begin{pmatrix} 3 \\ 6 \\ 3 \end{pmatrix} - \begin{pmatrix} -3 \\ 6 \\ -3 \end{pmatrix} \right| = \left| \begin{pmatrix} 6 \\ 0 \\ 6 \end{pmatrix} \right| = \sqrt{36 + 36} = \sqrt{2 \cdot 36} = 6\sqrt{2}\,[\text{LE}]$$

Das Dreieck ist gleichschenklig mit den gleich langen Seiten $\overline{AB}$ und $\overline{AD}$.

Diese Seiten stehen senkrecht aufeinander, wenn das Skalarprodukt der Vektoren $\overrightarrow{AB}$ und $\overrightarrow{AD}$ gleich null ist.

$$\overrightarrow{AB} \circ \overrightarrow{AD} = \begin{pmatrix} -4 \\ 4 \\ -2 \end{pmatrix} \circ \begin{pmatrix} 2 \\ 4 \\ 4 \end{pmatrix} = -4 \cdot 2 + 4 \cdot 4 + (-2) \cdot 4 = -8 + 16 - 8 = 0$$

Das gleichschenklige Dreieck hat bei A einen rechten Winkel. Es ist daher rechtwinklig-gleichschenklig.

(2) Den Ortsvektor des Punktes C erhält man, indem man an B den Vektor $\overrightarrow{AD}$ oder an D den Vektor $\overrightarrow{AB}$ anträgt oder indem man den Mittelpunkt M der Seite $\overline{BD}$ bestimmt und den Punkt A an M spiegelt.

$$\vec{c} = \vec{b} + \overrightarrow{AD} = \begin{pmatrix} -3 \\ 6 \\ -3 \end{pmatrix} + \begin{pmatrix} 2 \\ 4 \\ 4 \end{pmatrix} = \begin{pmatrix} -1 \\ 10 \\ 1 \end{pmatrix} \Rightarrow C(-1|10|1)$$

Alternativ:

$$\vec{c} = \vec{d} + \overrightarrow{AB} = \begin{pmatrix} 3 \\ 6 \\ 3 \end{pmatrix} + \begin{pmatrix} -4 \\ 4 \\ -2 \end{pmatrix} = \begin{pmatrix} -1 \\ 10 \\ 1 \end{pmatrix} \Rightarrow C(-1|10|1)$$

Alternativ:

Der Ortsvektor des Mittelpunktes der Seite $\overline{BD}$ ist gleich der halben Summe der Ortsvektoren der Endpunkte B und D.

$$\vec{m} = \frac{1}{2} \cdot (\vec{b} + \vec{d}) = \frac{1}{2} \cdot \left[\begin{pmatrix} -3 \\ 6 \\ -3 \end{pmatrix} + \begin{pmatrix} 3 \\ 6 \\ 3 \end{pmatrix} \right] = \frac{1}{2} \cdot \begin{pmatrix} 0 \\ 12 \\ 0 \end{pmatrix} = \begin{pmatrix} 0 \\ 6 \\ 0 \end{pmatrix} \Rightarrow M(0|6|0)$$

Der Eckpunkt C ergibt sich durch Spiegelung von A an M:

$$\vec{c} = \vec{a} + 2 \cdot \overrightarrow{AM} = \begin{pmatrix} 1 \\ 2 \\ -1 \end{pmatrix} + 2 \cdot \left[\begin{pmatrix} 0 \\ 6 \\ 0 \end{pmatrix} - \begin{pmatrix} 1 \\ 2 \\ -1 \end{pmatrix} \right] = \begin{pmatrix} 1 \\ 2 \\ -1 \end{pmatrix} + 2 \cdot \begin{pmatrix} -1 \\ 4 \\ 1 \end{pmatrix} = \begin{pmatrix} -1 \\ 10 \\ 1 \end{pmatrix}$$

$\Rightarrow C(-1|10|1)$

Bei dem Parallelogramm handelt es sich um ein Quadrat, da alle Seiten gleich lang sind und bei A ein rechter Winkel vorliegt.

c) (1) Es handelt sich um einen 10-stufigen Bernoulli-Versuch mit der Wahrscheinlichkeit $p = \frac{150}{1\,000} = 0{,}15$ für ein Gewinnlos und der Wahrscheinlichkeit $q = \frac{850}{1\,000} = 0{,}85$ für eine Niete. Die Zufallsgröße X, die die Anzahl der Gewinne angibt, ist binomialverteilt mit $n = 10$ und $p = 0{,}15$.

Für die Wahrscheinlichkeiten der Ereignisse erhält man:

$$P(A) = P(X = 0) = \binom{10}{0} \cdot 0{,}15^0 \cdot 0{,}85^{10} = P_5$$

$$P(B) = P(X = 2) = \binom{10}{2} \cdot 0{,}15^2 \cdot 0{,}85^8 = P_4$$

$$P(C) = P(X \geq 1) = 1 - P(X = 0) = 1 - \binom{10}{0} \cdot 0{,}15^0 \cdot 0{,}85^{10} = 1 - 0{,}85^{10} = P_6$$

Die korrekte Zuordnung ist daher:

$A \Leftrightarrow P_5$; $B \Leftrightarrow P_4$; $C \Leftrightarrow P_6$

(2) Mit einer Wahrscheinlichkeit von $p = 0{,}15$ gewinnt der Fan 3 €. Mit einer Wahrscheinlichkeit von $q = 0{,}85$ verliert der Fan 2 €.
Für ein Los beträgt der Erwartungswert:
$E(X) = 0{,}15 \cdot 3\,€ + 0{,}85 \cdot (-2\,€) = 0{,}45 - 1{,}7 = -1{,}25\,€$
Bei 10 Losen hat der Fan einen erwarteten Verlust von 12,50 €.

Alternativ:
Die Wahrscheinlichkeit für ein Gewinnlos ist $p = 0{,}15$. Der Erwartungswert bei 10 Losen ist:
$E(X) = 10 \cdot 0{,}15 = 1{,}5$
Beim Kauf von 10 Losen werden also 1,5 Gewinnlose erwartet. Das bedeutet einen zu erwartenden Gewinn von $1{,}5 \cdot 5\,€ = 7{,}50\,€$.
Der Fan hat $10 \cdot 2\,€ = 20\,€$ ausgegeben. Damit ist ein Verlust von $20\,€ - 7{,}50\,€ = 12{,}50\,€$ zu erwarten.

Wahlpflichtteil

d) (1) Die e-Funktion nimmt nur positive Werte an. Es gilt:
$g(x) = 2e^{-x} > 0$
Der Funktionsgraph von g verläuft nur oberhalb der x-Achse. Daher zeigt Abbildung 3 den Graphen der Funktion g.

(2) Gehen die beiden Graphen knickfrei (glatt) ineinander über, so haben die Graphen an der „Nahtstelle" den gleichen Funktionswert und die gleiche Steigung.
Zu prüfen ist, ob $f(0) = g(0)$ und $f'(0) = g'(0)$ gilt.
Es gilt:
$f(0) = g(0) = 2$
Mit den Ableitungen $f'(x) = -x - 2$ und $g'(x) = -2e^{-x}$ erhält man:
$f'(0) = g'(0) = -2$
Die Graphen der Funktionen f und g gehen somit bei $x = 0$ knickfrei (glatt) ineinander über.

e) (1) Die Funktion F ist dann eine Stammfunktion der Funktion f, falls $F'(x) = f(x)$ gilt. Die Ableitung wird mithilfe der Produktregel bestimmt.
$F'(x) = 1 \cdot e^x + (x - 3) \cdot e^x = (1 + x - 3) \cdot e^x = (x - 2) \cdot e^x = f(x)$
Die Funktion F ist daher eine Stammfunktion von f.

Da F eine Stammfunktion von f ist, ist auch jede Funktion G mit der Gleichung $G(x) = F(x) + C$ mit $C \in \mathbb{R}$ eine weitere Stammfunktion.

Aus der vorgegebenen Bedingung wird die Konstante C bestimmt:

$$\begin{aligned} G(0) &= -2 \\ F(0) + C &= -2 \\ (0-3)\cdot e^0 + C &= -2 \\ -3 + C &= -2 \qquad |+3 \\ C &= 1 \end{aligned}$$

Damit lautet die Gleichung der gesuchten Stammfunktion:

$G(x) = (x-3)\cdot e^x + 1$

(2) Da das Dreieck rechtwinklig ist, berechnet sich der Flächeninhalt nach der Formel $A = \frac{1}{2} \cdot$ Kathete 1 · Kathete 2.

Als beliebiger Punkt auf dem Graphen der Funktion f im IV. Quadranten besitzt P die Koordinaten $P(x \mid f(x))$ mit $0 \le x \le 2$.
Die Katheten des rechtwinkligen Dreiecks OPQ besitzen daher die Längen x und $-f(x)$.
Da der Funktionswert f(x) für $0 \le x \le 2$ negativ ist, muss für die Länge der entsprechenden Kathete der negative Funktionswert verwendet werden. Denn sonst bekäme man einen negativen Wert für den Flächeninhalt.

Die Zielfunktion lautet damit:

$$A(x) = \frac{1}{2}\cdot x \cdot (-f(x)) = -\frac{1}{2}\cdot x \cdot f(x), \quad 0 \le x \le 2$$

f) (1) Die Gerade g verläuft parallel zur Ebene E, wenn der Richtungsvektor der Geraden und die beiden Spannvektoren der Ebene linear abhängig sind. Dies ist der Fall, wenn sich der Richtungsvektor als Linearkombination der Spannvektoren darstellen lässt.

$$\begin{pmatrix} 6 \\ -1 \\ -2 \end{pmatrix} = k \cdot \begin{pmatrix} 2 \\ 0 \\ 1 \end{pmatrix} + \ell \cdot \begin{pmatrix} 0 \\ 1 \\ 5 \end{pmatrix}$$

I $\quad 6 = 2k \quad \Leftrightarrow \quad k = 3$

II $\quad -1 = \ell \quad \Leftrightarrow \quad \ell = -1$

III $\quad -2 = k + 5\ell$

Einsetzen von $k = 3$ und $\ell = -1$ in III:

$-2 = 3 + 5\cdot(-1)$

$-2 = 3 - 5$

$-2 = -2$ (wahre Aussage)

Die Gerade g verläuft parallel zur Ebene E.

Um nun noch auszuschließen, dass die Gerade g in der Ebene E liegt, wird mithilfe einer Punktprobe gezeigt, dass der Anbindungspunkt der Geraden die Ebenengleichung nicht erfüllt.

$$\begin{pmatrix}1\\1\\1\end{pmatrix}=\begin{pmatrix}0\\0\\1\end{pmatrix}+r\cdot\begin{pmatrix}2\\0\\1\end{pmatrix}+s\cdot\begin{pmatrix}0\\1\\5\end{pmatrix}$$

$$\begin{array}{lll} \text{I} & 1=2r & \Leftrightarrow\ r=\frac{1}{2} \\ \text{II} & 1=s & \Leftrightarrow\ s=1 \\ \text{III} & 1=1+r+5s & \Leftrightarrow\ 0=r+5s \end{array}$$

Einsetzen von $r=\frac{1}{2}$ und $s=1$ in III:

$$0=\frac{1}{2}+5\cdot 1$$

$$0=5\frac{1}{2}\quad \text{(falsche Aussage)}$$

Der Anbindungspunkt der Geraden g liegt nicht in der Ebene E. Folglich verläuft die Gerade g echt parallel zur Ebene E.

(2) Als Anbindungspunkt der Geraden h eignet sich jeder beliebige Punkt der Ebene E. Der Einfachheit halber wird der Anbindungspunkt von E gewählt. Da die Gerade h parallel zur Geraden g verlaufen soll, wird als Richtungsvektor der Richtungsvektor der Geraden g übernommen. Die Parameterform lautet damit:

$$h: \vec{x}=\begin{pmatrix}0\\0\\1\end{pmatrix}+m\cdot\begin{pmatrix}6\\-1\\-2\end{pmatrix};\ m\in\mathbb{R}$$

g) (1) Da die x_2-Koordinatenachse in der Ebene E liegt, können der Koordinatenursprung als Anbindungspunkt und der Richtungsvektor der x_2-Koordinatenachse als erster Spannvektor der Ebene verwendet werden. Als zweiter Spannvektor kann der Verbindungsvektor $\overrightarrow{OA}$ gewählt werden. Die Ebenengleichung lautet damit:

$$E: \vec{x}=\begin{pmatrix}0\\0\\0\end{pmatrix}+s\cdot\begin{pmatrix}0\\1\\0\end{pmatrix}+t\cdot\overrightarrow{OA}=\begin{pmatrix}0\\0\\0\end{pmatrix}+s\cdot\begin{pmatrix}0\\1\\0\end{pmatrix}+t\cdot\begin{pmatrix}-2\\2\\5\end{pmatrix};\ s,t\in\mathbb{R}$$

(2) Der Vektor $\overrightarrow{AB}$ steht senkrecht auf der Ebene E, wenn er orthogonal zu den Spannvektoren ist.

$$\overrightarrow{AB}=\begin{pmatrix}3+2\\2-2\\7-5\end{pmatrix}=\begin{pmatrix}5\\0\\2\end{pmatrix}$$

Das Skalarprodukt zwischen $\overrightarrow{AB}$ und den Spannvektoren ergibt:

$$\begin{pmatrix}5\\0\\2\end{pmatrix} \circ \begin{pmatrix}0\\1\\0\end{pmatrix} = 0 \text{ und } \begin{pmatrix}5\\0\\2\end{pmatrix} \circ \begin{pmatrix}-2\\2\\5\end{pmatrix} = -10 + 0 + 10 = 0$$

Damit steht der Vektor $\overrightarrow{AB}$ senkrecht auf der Ebene E.

(3) Der Punkt B(3 | 2 | 7) und sein Spiegelpunkt B' haben von der Ebene E den gleichen Abstand.
Der Ortsvektor b' des Spiegelpunktes B' berechnet sich durch:

$$\vec{b}' = \vec{b} + 2 \cdot \overrightarrow{BA} = \begin{pmatrix}3\\2\\7\end{pmatrix} + 2 \cdot \begin{pmatrix}-5\\0\\-2\end{pmatrix} = \begin{pmatrix}-7\\2\\3\end{pmatrix}$$

Alternativ:

$$\vec{b}' = \vec{a} + \overrightarrow{BA} = \begin{pmatrix}-2\\2\\5\end{pmatrix} + \begin{pmatrix}-5\\0\\-2\end{pmatrix} = \begin{pmatrix}-7\\2\\3\end{pmatrix}$$

Die Koordinaten des Spiegelpunktes sind B'(–7 | 2 | 3).

h) (1) Es handelt sich um einen 10-stufigen Bernoulli-Versuch. Die Wahrscheinlichkeit dafür, dass Alina ins Zentrum trifft, beträgt 90 %. Die Zufallsgröße X, die die Anzahl der Treffer angibt, ist binomialverteilt mit $n = 10$ und $p = 0{,}9$.

$$P(A) = P(X = 10) = \binom{10}{10} \cdot 0{,}9^{10} \cdot 0{,}1^{0} = 0{,}9^{10}$$

$$\begin{aligned} P(B) = P(X \leq 1) &= P(X = 0) + P(X = 1) \\ &= \binom{10}{0} \cdot 0{,}9^{0} \cdot 0{,}1^{10} + \binom{10}{1} \cdot 0{,}9^{1} \cdot 0{,}1^{9} \\ &= 0{,}1^{10} + 10 \cdot 0{,}9 \cdot 0{,}1^{9} \\ &= 0{,}1^{10} + 9 \cdot 0{,}1^{9} \end{aligned}$$

(2) Es werden die Länge $n = 10$ der Binomialverteilung und der Erwartungswert betrachtet. Für den Erwartungswert gilt:
$\mu = n \cdot p = 10 \cdot 0{,}9 = 9$

Diagramm 1 zeigt nicht die passende Wahrscheinlichkeitsverteilung, weil $n > 10$ ist.

Diagramm 2 zeigt nicht die passende Wahrscheinlichkeitsverteilung, weil der Erwartungswert bei $\mu = 4$ liegt und nicht bei 9.

Diagramm 3 entspricht der Wahrscheinlichkeitsverteilung, weil der Erwartungswert $\mu = 9$ und die Länge der Binomialverteilung $n = 10$ übereinstimmen.

i) (1) Es handelt sich um einen 5-stufigen Bernoulli-Versuch. Die Wahrscheinlichkeit dafür, dass Elias in den Korb trifft, beträgt 0,8. Die Zufallsgröße X_1, die die Anzahl der Treffer von Elias angibt, ist binomialverteilt mit $n=5$ und $p=0{,}8$.

Für genau einen Treffer gilt:

$P(X_1=1)=\binom{5}{1}\cdot 0{,}8^1\cdot 0{,}2^4$

(2) $\binom{5}{4}\cdot 0{,}8^4\cdot 0{,}2^1$ ist die Wahrscheinlichkeit, dass bei 5 Würfen genau 4 Treffer erzielt werden.

$\binom{5}{5}\cdot 0{,}8^5$ bedeutet, dass bei 5 Würfen genau 5 Treffer erzielt werden.

Der Term stellt demnach folgende Beziehung dar:

$1-[P(X_1=4)+P(X_1=5)]=P(X\leq 3)$

Der Term gibt die Wahrscheinlichkeit an, dass Elias bei 5 Versuchen höchstens 3 Treffer erzielt.

(3) Es gilt $p_2=1-p_1$.

Daher gilt:

$P(X_1=0)=P(X_2=5)$

$P(X_1=1)=P(X_2=4)$

$P(X_1=2)=P(X_2=3)$

$P(X_1=3)=P(X_2=2)$

$P(X_1=4)=P(X_2=1)$

$P(X_1=5)=P(X_2=0)$

Es ergibt sich folgende Darstellung:

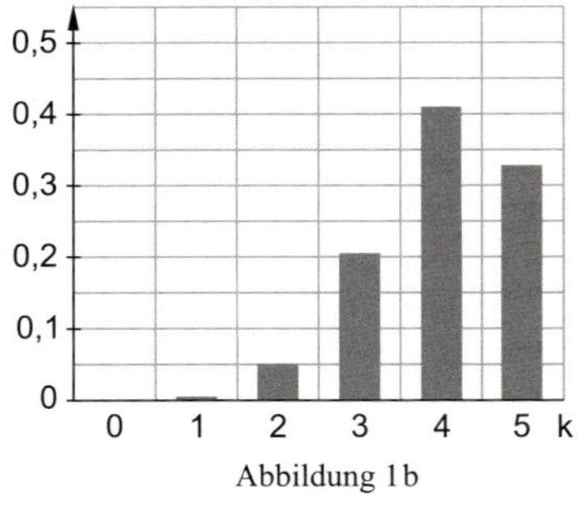

Abbildung 1b

Übungsaufgaben im Stil der Abiturprüfung
Prüfungsteil B – Analysis B1

Eingeschlossen von der Bundesstraße B 480, die in einem geeigneten Koordinatensystem entlang der x-Achse verläuft, und dem Graphen der Funktion f mit der Gleichung

$f(x) = x^4 - 10x^3 + 33x^2 - 40x + 16, \ x \in \mathbb{R}$

befindet sich ein See. Der Sachverhalt ist in der Abbildung skizziert.

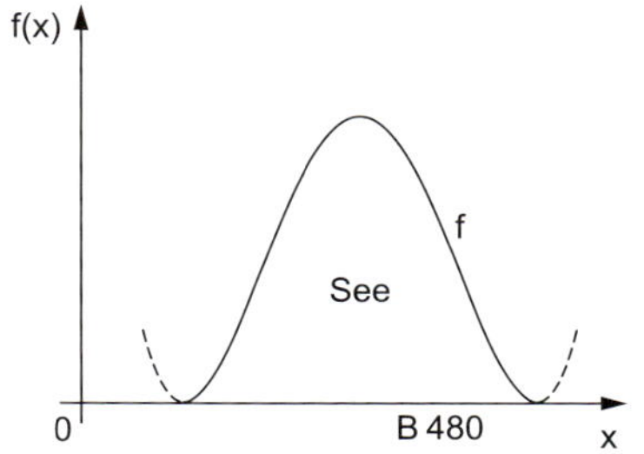

Abbildung

a) (1) Berechnen Sie die Größe des Sees unter der Annahme, dass 1 Längeneinheit 50 m sind.

(2) Es wird vermutet, dass im Punkt A des Sees, der am weitesten von der Bundesstraße entfernt ist, eine Verschmutzung stattgefunden hat.
Bestimmen Sie unter Angabe der Ableitungen der Funktion f und des rechnerischen Nachweises der hinreichenden Bedingung die Koordinaten von A.

b) An der Stelle des Sees, an dem die Verschmutzung vermutet wird, werden Wasserproben entnommen und die Anzahl der Kleinlebewesen in den Proben wird ermittelt. Die Ergebnisse der Proben sind in der Tabelle dargestellt:

Zeit in Tagen nach Beobachtungsbeginn	0	1	4	10	21
Anzahl der Kleinlebewesen	2 000	1 810	1 350	740	250

Tabelle

(1) Begründen Sie, warum im angegebenen Zeitraum von einer exponentiellen Abnahme ausgegangen werden kann.

(2) Unter Berücksichtigung, dass zu Beginn der Beobachtung 2 000 Kleinlebewesen und nach 21 Tagen nur noch 250 Kleinlebewesen in den entsprechenden Proben gezählt werden, soll die exponentielle Abnahme nun durch eine Funktion modelliert werden.
Zeigen Sie durch Lösen eines Gleichungssystems, dass die Modellierung auf eine Funktion mit der Gleichung

$a(t) = 2\,000 \cdot e^{-0,099t}, \ 0 \le t \le 21$

führt. Dabei wird t als Maßzahl zur Einheit 1 Tag und a(t) als Anzahl der Kleinlebewesen zum Zeitpunkt t aufgefasst.

(3) Berechnen Sie, während welchen Tages nach Beobachtungsbeginn gemäß der Modellierung nur noch 30 % des ursprünglich ermittelten Anfangsbestandes an Kleinlebewesen vorhanden sind.

c) Nach 21 Tagen werden Filter eingesetzt mit dem Ziel, die Verschmutzung zu reduzieren, sodass wieder mehr Kleinlebewesen im Wasser vorkommen. Die Anzahl der Kleinlebewesen in den Proben, die ab diesem Zeitpunkt genommen werden, lässt sich mithilfe der Funktion g mit der Gleichung

$g(t) = 0{,}05t^3 - 3t^2 + 50t + 59{,}95, \quad 21 < t \leq 60$

modellieren.

(1) Bestimmen Sie, am wievielten Tag nach dem Filtereinsatz wieder die gleiche Anzahl an Kleinlebewesen in den Proben enthalten ist wie am Beobachtungsbeginn aus Teilaufgabe b.

(2) Berechnen Sie den Zeitpunkt t, ab dem sich der Einsatz der Filter positiv auf die Anzahl der Kleinlebewesen in den Wasserproben auswirkt.
Geben Sie auch an, wie viele Kleinlebewesen zu diesem Zeitpunkt in der Probe gezählt werden können.

(3) Ermitteln Sie, um wie viel Prozent sich die Anzahl der Kleinlebewesen in den Proben trotz des Filtereinsatzes bis zu dem in Teilaufgabe c (2) berechneten Zeitpunkt noch verringert.

Hinweise und Tipps

Teilaufgabe a

(1) Ermitteln Sie die gemeinsamen Punkte der Begrenzung des Sees mit der Bundesstraße.

Berechnen Sie den Inhalt der Fläche, die der Graph der Funktion f mit der x-Achse einschließt, mit einem bestimmten Integral.

Beachten Sie bei der Berechnung der Größe des Sees, dass 1 Flächeneinheit 2 500 m^2 sind.

(2) Überlegen Sie, welche Bedeutung die Eigenschaft „am weitesten von der Bundesstraße entfernt" für den Graphen der Funktion hat.

Die notwendige Bedingung für eine Maximalstelle ist: $f'(x) = 0$

Die hinreichende Bedingung für eine Maximalstelle ist: $f'(x) = 0$ und $f''(x) < 0$

Vergessen Sie nicht, die Koordinaten des Punktes anzugeben.

Teilaufgabe b

(1) Von einer exponentiellen Abnahme kann dann ausgegangen werden, wenn der Abnahmefaktor je Zeiteinheit annähernd gleich ist.

Berechnen Sie den Abnahmefaktor durch Aufstellen geeigneter Gleichungen.

(2) Stellen Sie mithilfe der vorgegebenen Wertepaare ein Gleichungssystem auf und lösen Sie dieses.

(3) Berechnen Sie 30 % des Anfangsbestandes. Setzen Sie das Ergebnis mit dem Funktionsterm gleich und lösen Sie die Gleichung.

Setzen Sie das Ergebnis mit dem Funktionsterm gleich und lösen Sie die Gleichung.

Teilaufgabe c

(1) Lösen Sie die Gleichung $g(t) = 2\,000$ mit einem geeigneten Rechnerbefehl oder grafisch.

Geben Sie an, welchem Tag nach dem Filtereinsatz $(t = 21)$ die Lösung entspricht.

(2) Überlegen Sie, welche Bedeutung die Eigenschaft „wirkt sich positiv aus" für den Verlauf des Graphen der Funktion hat.

Die notwendige Bedingung für eine Minimalstelle ist: $g'(t) = 0$

Die hinreichende Bedingung für eine Minimalstelle ist: $g'(t) = 0$ und $g''(t) > 0$

Achten Sie auf den Definitionsbereich der Funktion.

Vergessen Sie nicht, den Funktionswert zu diesem Zeitpunkt zu berechnen.

(3) Überlegen Sie, welche Anzahlen der Kleinlebewesen den Grund- bzw. Prozentwert darstellen, und berechnen Sie den Prozentsatz.

Lösung

a) (1) Zur Berechnung des Flächeninhaltes des Sees werden die gemeinsamen Punkte des Graphen der Funktion f, durch den der See begrenzt wird, mit der Bundesstraße B 480 ermittelt. Dies sind die Schnitt- bzw. Berührpunkte des Graphen mit der x-Achse, also die Nullstellen der Funktion f.

GTR

$f(x):=x^4-10\cdot x^3+33\cdot x^2-40\cdot x+16$	*Fertig*
polyRoots$(f(x),x)$	$\{1,1,4,4\}$

CAS

$f(x):=x^4-10\cdot x^3+33\cdot x^2-40\cdot x+16$	*Fertig*
solve$(f(x)=0,x)$	$x=1$ or $x=4$

Die Funktion f hat die doppelten Nullstellen $x_1=1$ und $x_2=4$.

Die Größe des Sees entspricht im Modell dem Inhalt der Fläche, die der Graph der Funktion f mit der x-Achse einschließt. Dieser Flächeninhalt ist gleich dem Wert des Integrals der Funktion f im Bereich [1; 4].

$$\int_1^4 f(x)\,dx = 8{,}1\,[\text{FE}]$$

GTR/CAS

$\int_1^4 f(x)\,dx$	8.1
$8.1\cdot 2500$	20250.

Da 1 Längeneinheit 50 m sind, entspricht 1 Flächeneinheit folgende Quadratmeterzahl:
$50\text{ m}\cdot 50\text{ m}=2\,500\text{ m}^2$

Die Fläche des Sees beträgt somit:
$8{,}1\cdot 2\,500\text{ m}^2=20\,250\text{ m}^2$

[Umgerechnet in Ar sind dies 202,5 a.]

(2) Der Punkt, der am weitesten von der Bundesstraße B 480 entfernt ist, ist der lokale (relative) Hochpunkt des Graphen der Funktion f.

Die 1. Ableitung der Funktion f wird mit der Summen- und Potenzregel bestimmt:

$$f'(x)=4\cdot x^3-10\cdot 3x^2+33\cdot 2x-40$$
$$=4x^3-30x^2+66x-40$$

Notwendige Bedingung für eine Maximalstelle: $f'(x)=0$

$$f'(x)=0 \;\Leftrightarrow\; x_1=1 \text{ oder } x_2=\frac{5}{2} \text{ oder } x_3=4$$

GTR

$a1f(x):=4\cdot x^3-30\cdot x^2+66\cdot x-40$	*Fertig*
polyRoots$(a1f(x),x)$	$\left\{1,\frac{5}{2},4\right\}$

CAS

$a1f(x):=\frac{d}{dx}(f(x))$	*Fertig*
$a1f(x)$	$4\cdot x^3-30\cdot x^2+66\cdot x-40$
solve$(a1f(x)=0,x)$	$x=1$ or $x=\frac{5}{2}$ or $x=4$

Die Stellen $x_1=1$ und $x_3=4$ kommen für ein Maximum nicht infrage, da sie die gemeinsamen Punkte des Graphen der Funktion f mit der x-Achse sind. Somit bleibt nur $x_2=\frac{5}{2}$ als Kandidat für eine Maximalstelle.

Für die 2. Ableitung der Funktion f gilt:

$f''(x) = 4 \cdot 3x^2 - 30 \cdot 2x + 66$
$\quad = 12x^2 - 60x + 66$

Hinreichende Bedingung für eine Maximalstelle: $f'(x) = 0$ und $f''(x) < 0$

$f''\left(\frac{5}{2}\right) = -9 < 0$

Durch Berechnung des entsprechenden Funktionswertes ergibt sich, dass der Punkt $A\left(\frac{5}{2} \mid \frac{81}{16}\right)$ am weitesten von der Bundesstraße entfernt ist.

GTR

$a2f(x) := 12 \cdot x^2 - 60 \cdot x + 66$ — Fertig

CAS

$a2f(x) := \frac{d^2}{dx^2}(f(x))$ — Fertig

$a2f(x)$ — $12 \cdot x^2 - 60 \cdot x + 66$

GTR/CAS

$a2f\left(\frac{5}{2}\right)$ — -9

$f\left(\frac{5}{2}\right)$ — $\frac{81}{16}$

b) (1) Von einer exponentiellen Abnahme kann dann ausgegangen werden, wenn der Abnahmefaktor je Zeiteinheit annähernd gleich ist.

Ist B_0 der Anfangsbestand und q der Abnahmefaktor, so erhält man zu den angegebenen Zeiten bei einer exponentiellen Abnahme folgende allgemeine Werte:

Zeit in Tagen nach Beobachtungsbeginn	0	1	4	10	21
Anzahl der Kleinlebewesen	2 000	1 810	1 350	740	250
Werte bei exponentieller Abnahme	B_0	$B_0 \cdot q^1$	$B_0 \cdot q^4$	$B_0 \cdot q^{10}$	$B_0 \cdot q^{21}$

Aus der ersten Spalte der Tabelle kann der Anfangsbestand $B_0 = 2\,000$ abgelesen werden. Aus den weiteren Spalten erhält man dann:

$1\,810 = 2\,000 \cdot q^1 \;\Rightarrow\; q = \frac{1\,810}{2\,000} = 0{,}905$

$1\,350 = 2\,000 \cdot q^4 \;\Rightarrow\; q = \sqrt[4]{\frac{1\,350}{2\,000}} \approx 0{,}906$

$740 = 2\,000 \cdot q^{10} \;\Rightarrow\; q = \sqrt[10]{\frac{740}{2\,000}} \approx 0{,}905$

$250 = 2\,000 \cdot q^{21} \;\Rightarrow\; q = \sqrt[21]{\frac{250}{2\,000}} \approx 0{,}906$

GTR/CAS

$\text{approx}\left(\frac{1810}{2000}\right)$ — 0.905

$\text{approx}\left(\sqrt[4]{\frac{1350}{2000}}\right)$ — 0.906413

$\text{approx}\left(\sqrt[10]{\frac{740}{2000}}\right)$ — 0.905358

$\text{approx}\left(\sqrt[21]{\frac{250}{2000}}\right)$ — 0.905724

Der Wachstumsfaktor q ist annähernd gleich. Daher kann von einer exponentiellen Abnahme ausgegangen werden.

(2) Exponentielles Wachstum bzw. exponentielle Abnahme können im Allgemeinen durch eine Funktion mit der Gleichung $a(t) = b \cdot e^{k \cdot t}$, $t \geq 0$ beschrieben werden.

Unter Berücksichtigung der beiden im Aufgabentext angegebenen Probenergebnisse ergibt sich folgendes Gleichungssystem:

$$\text{I} \quad a(0) = b \cdot e^{k \cdot 0} \quad \Leftrightarrow \quad 2\,000 = b \cdot e^{0} \quad \Leftrightarrow \quad 2\,000 = b$$
$$\text{II} \quad a(21) = b \cdot e^{k \cdot 21} \quad \Leftrightarrow \quad 250 = b \cdot e^{k \cdot 21}$$

Einsetzen von $b = 2\,000$ aus Gleichung I in Gleichung II führt auf:

$250 = 2\,000 \cdot e^{k \cdot 21}$

Als Lösung ergibt sich:

$k \approx -0{,}099$

Die Modellierung führt also auf eine Funktion mit der Gleichung:

$a(t) = 2\,000 \cdot e^{-0{,}099t}$, $0 \leq t \leq 21$

GTR

nSolve(250=2000· e^(k·21),k)	-0.099021

CAS

solve(250=2000· e^(k·21),k)	k=-0.099021

(3) 30 % des Anfangsbestandes sind:

$0{,}3 \cdot 2\,000 = 600$

Gesucht ist also der Wert t, für den gilt:

$600 = 2\,000 \cdot e^{-0{,}099t}$

Wegen $t \approx 12{,}1613 > 12$ sind während des 13. Tages nur noch 30 % der zu Beobachtungsbeginn ermittelten Kleinlebewesen in den Proben enthalten.

GTR

nSolve(600=2000· e^(-0.099·t),t)	12.1613

CAS

solve(600=2000· e^(-0.099·t),t)	t=12.1613

c) (1) Der Zeitpunkt, an dem die Anzahl der Kleinlebewesen wieder 2 000 beträgt, entspricht der Lösung der Gleichung $g(t) = 2\,000$.

Die Lösung ergibt sich entweder mithilfe eines geeigneten Rechnerbefehls oder grafisch, indem die Schnittstellen des Graphen von g mit der Geraden mit der Gleichung $y = 2\,000$ bestimmt werden:

$\Rightarrow \quad t \approx 54{,}688$

Während des 55. Tages nach dem Beobachtungsbeginn sind wieder 2 000 Kleinlebewesen in der Probe enthalten. Wegen $55 - 21 = 34$ entspricht dies dem 34. Tag nach dem Filtereinsatz.

GTR

g(t):=0.05· t^3−3· t^2+50· t+59.95	Fertig
nSolve(g(t)=2000,t)	54.688

CAS

g(t):=0.05· t^3−3· t^2+50· t+59.95	Fertig
solve(g(t)=2000,t)	t=54.688

oder GTR/CAS

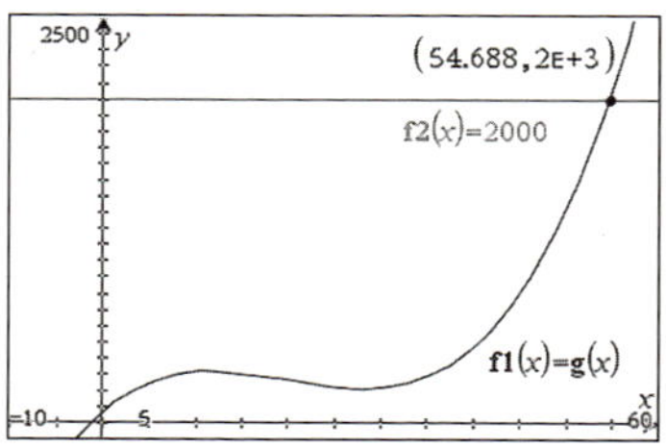

(2) Der Einsatz der Filter wirkt sich positiv aus, wenn die Anzahl der Kleinlebewesen in den Wasserproben nicht mehr weiter abnimmt, sondern wieder ansteigt. Dieser Zeitpunkt ist die lokale (relative) Minimalstelle des Graphen der Funktion g.

Die 1. Ableitung der Funktion g wird mit der Summen- und Potenzregel bestimmt:

$g'(t) = 0{,}05 \cdot 2t^2 - 3 \cdot 2t + 50$

$= 0{,}15t^2 - 6t + 50$

Notwendige Bedingung für eine Minimalstelle: $g'(t) = 0$

$g'(t) = 0 \quad \Leftrightarrow \quad t \approx 28{,}165$

Schränkt man die 1. Ableitung nicht auf $t > 21$ ein, ergibt sich eine zweite Nullstelle bei $t \approx 11{,}835$. Da diese nicht im Definitionsbereich der Funktion g liegt, stellt sie keine Lösung dar.

Für die 2. Ableitung der Funktion g gilt:

$g''(t) = 0{,}3t - 6$

Hinreichende Bedingung für eine Minimalstelle: $g'(t) = 0$ und $g''(t) > 0$

$g''(28{,}165) \approx 2{,}45 > 0$

GTR

$a1g(t) := 0.15 \cdot t^2 - 6 \cdot t + 50$	*Fertig*
nSolve$(a1g(t)=0,t) \vert t>21$	28.165
$a2g(t) := 0.3 \cdot t - 6$	*Fertig*
$a2g(28.165)$	2.4495

oder GTR

polyRoots$(a1g(t),t) \vert t>21$	$\{28.165\}$

CAS

$a1g(t) := \frac{d}{dt}(g(t))$	*Fertig*
solve$(a1g(t)=0,t) \vert t>21$	$t=28.165$
$a2g(t) := \frac{d^2}{dt^2}(g(t))$	*Fertig*
$a2g(28.165)$	2.4495

Der Graph der Funktion g hat an der Stelle $t \approx 28{,}165$ ein lokales (relatives) Minimum.

Ab diesem Zeitpunkt wirkt sich der Einsatz der Filter positiv aus. D. h., nach Einsatz der Filter nimmt die Anzahl der Kleinlebewesen in den Wasserproben zunächst noch ca. $28 - 21 = 7$ weitere Tage ab.

Es gilt: $g(28{,}165) \approx 205{,}517$

Zu dem berechneten Zeitpunkt können ca. 206 Kleinlebewesen gezählt werden.

GTR/CAS

$g(28.165)$	205.517

(3) Zum Zeitpunkt des Filtereinsatzes $t = 21$ beträgt die Anzahl der Kleinlebewesen 250. Die Anzahl der Kleinlebewesen verringert sich trotz Einsatz der Filter noch auf den Wert 206.

Mit dem Grundwert 250 und dem Prozentwert $250 - 206$ ergibt sich:

$$p = \frac{250 - 206}{250} = 0{,}176$$

GTR/CAS

$\frac{250-206}{250}$	0.176

Die Anzahl der Kleinlebewesen verringert sich trotz Filtereinsatz noch um 17,6 %.

Übungsaufgaben im Stil der Abiturprüfung
Prüfungsteil B – Analysis B2

Das seitliche Profil einer Wasserrutsche in einem Freibad kann durch den Graphen einer Funktion der Funktionenschar f_k mit der Gleichung

$f_k(x) = (x+1) \cdot e^{1-k \cdot x}, \quad 0 \leq x \leq 5, k > 0$[1]

modelliert werden (x und $f_k(x)$ in Metern). Das Schwimmbecken wird im Bereich der Rutsche auf der linken Seite durch den negativen Teil der y-Achse begrenzt und der obere Beckenrand befindet sich auf Höhe der x-Achse. Für den Wasserspiegel der Wasseroberfläche wird angenommen, dass er 20 cm unterhalb des Beckenrandes liegt. Der Sachverhalt ist in Abbildung 1 veranschaulicht.

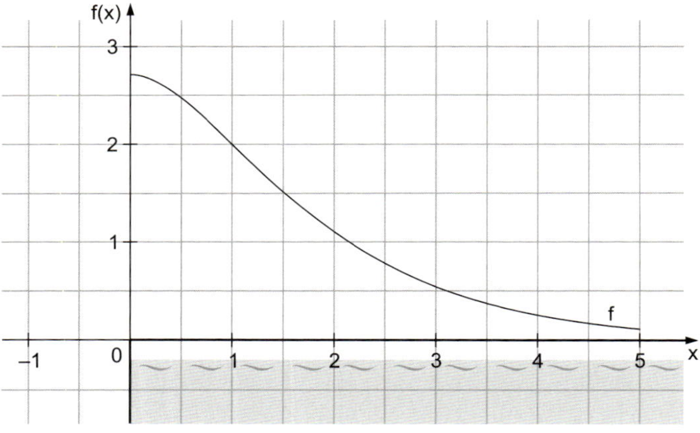

Abbildung 1

a) Bestimmen Sie k so, dass das Ende der Rutsche 31 cm über der Wasseroberfläche liegt.

Für die folgenden Teilaufgaben sei $k = 1$. Die zugrunde liegende Funktion ist somit $f(x) = f_1(x) = (x+1) \cdot e^{1-x}, \quad 0 \leq x \leq 5.$

b) (1) Zeigen Sie rechnerisch, dass die Profillinie der Rutsche auf der gesamten Länge fällt, und bestimmen Sie das durchschnittliche Gefälle der Rutsche.

(2) Bestimmen Sie durch Rechnung denjenigen Punkt auf der Profillinie der Rutsche, in dem das Gefälle am größten ist.
Aus Sicherheitsgründen darf der Neigungswinkel der Rutsche an keiner Stelle 60° überschreiten.
Überprüfen Sie, ob die Rutsche dieser Norm gerecht wird.

1 Die Funktionenschar f_k ist für alle $x \in \mathbb{R}$ definiert, wird aber nur für $0 \leq x \leq 5$ zur Modellierung verwendet.

c) Damit sich direkt unterhalb der Rutsche keine Schwimmer mehr aufhalten können, soll die Rutsche auf beiden Seiten von der Profillinie bis zur Wasseroberfläche mit einer ebenen Verkleidung versehen werden.

(1) Berechnen Sie die Größe der insgesamt zu verkleidenden Fläche.

(2) Die Verkleidung auf jeder Seite der Rutsche wird in zwei Teilflächen zerlegt, für die unterschiedliche Materialien verwendet werden. Der Inhalt einer dieser beiden Teilflächen ist durch den folgenden Term gegeben:

$$\int_0^2 f(x)\,dx - 2 \cdot f(2)$$

Erläutern Sie, welcher Flächeninhalt durch den Term beschrieben wird, und skizzieren Sie die Zerlegung der Verkleidung in Abbildung 2.

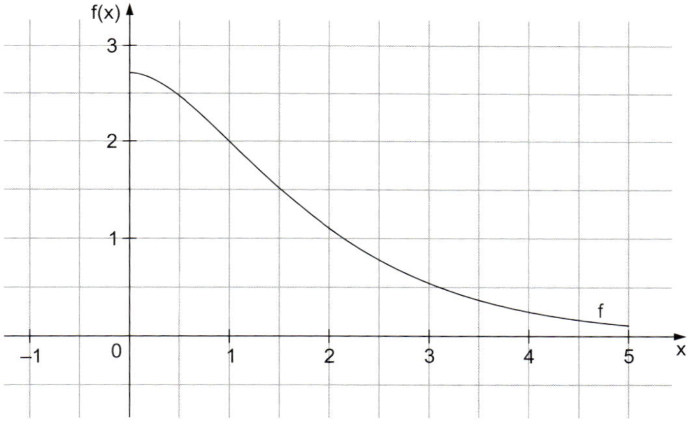

Abbildung 2

(3) Für den Flächeninhalt der zweiten Teilfläche wird der Ansatz

$F(x_2) - F(x_1) + 2 \cdot f(2) + 5 \cdot 0{,}2$

gewählt, wobei F eine Stammfunktion von f ist und x_1, x_2 reelle Zahlen sind, die noch anzugeben sind.

Zeigen Sie rechnerisch, dass durch $F(x) = -(x+2) \cdot e^{1-x}$, $x \in \mathbb{R}$ eine für den Ansatz geeignete Stammfunktion von f gegeben ist, und geben Sie passende Werte für x_1 und x_2 an.

d) Einige Badegäste beschweren sich, dass man aufgrund des niedrigen Gefälles zu langsam rutscht. Daher wird eine neue Rutsche geplant, die folgende Vorgaben erfüllt:
   - Die Profillinie der neuen Rutsche wird durch den Graphen einer ganzrationalen Funktion 3. Grades modelliert.
   - In einer horizontalen Entfernung von 1 Meter vom Startpunkt weist die Rutsche ein Gefälle von 45° auf und besitzt den gleichen vertikalen Abstand zur Wasseroberfläche wie die vorhandene Rutsche.
   - Der Endpunkt der neuen Rutsche stimmt mit dem Endpunkt der alten Rutsche überein und die Rutsche läuft am Ende horizontal aus.

   (1) Bestimmen Sie die Gleichung einer ganzrationalen Funktion g(x), deren Graph diese Vorgaben erfüllt.
   [*Zur Kontrolle:* Die Funktion mit auf 4 Nachkommastellen gerundeten Koeffizienten lautet: $g(x) = -0{,}0034x^3 + 0{,}1559x^2 - 1{,}3015x + 3{,}1490$]

   (2) Zeigen Sie, dass dem Wunsch der Badegäste nachgekommen wird und das durchschnittliche Gefälle bei der neuen Rutsche größer ist als bei der alten Rutsche.

   (3) Begründen Sie, dass auch die neue Rutsche die Vorgabe, dass der Neigungswinkel an keiner Stelle 60° überschreitet, erfüllt.

Hinweise und Tipps

Teilaufgabe a

Beachten Sie, dass der Abstand bis zur Wasseroberfläche und nicht bis zur x-Achse gesucht ist.

Stellen Sie eine Gleichung auf und lösen Sie diese mit dem GTR bzw. CAS.

Teilaufgabe b

(1) Die Profillinie der Rutsche fällt auf der gesamten Länge, wenn der Graph der Funktion f im gesamten Definitionsbereich streng monoton fallend ist.

Bestimmen Sie die 1. Ableitung von f und zeigen Sie, dass $f'(x) < 0$ gilt für $0 < x < 5$.

Berechnen Sie die durchschnittliche/mittlere Steigung des Graphen der Funktion f mit der Formel $m = \frac{f(x_2) - f(x_1)}{x_2 - x_1}$.

Alternativ: Zeichnen Sie den Graphen der Funktion f und bestimmen Sie die durchschnittliche/mittlere Steigung grafisch mit einer Sekante durch zwei Punkte des Graphen.

(2) Das größte Gefälle der Rutsche liegt an der Minimalstelle der 1. Ableitung $f'(x)$ vor.

Überprüfen Sie als Kandidaten hierfür die Nullstellen der 2. Ableitung $f''(x)$ und die Randstellen des Definitionsbereichs.

Bestimmen Sie den Winkel α, der zu dem größten Gefälle gehört, mithilfe des Tangens.

Teilaufgabe c

(1) Beachten Sie, dass beide Seiten verkleidet werden sollen und dass die Verkleidung bis zur Wasseroberfläche reichen soll.

Berechnen Sie den Inhalt einer Seitenfläche, indem Sie zum Flächeninhalt zwischen der Profillinie und der x-Achse den Flächeninhalt eines Rechtecks addieren.

Alternativ: Stellen Sie die Wasseroberfläche als Funktion dar und berechnen Sie den Inhalt einer Seitenfläche als Flächeninhalt zwischen zwei Funktionsgraphen.

(2) Überlegen Sie, welcher Flächeninhalt durch das bestimmte Integral angegeben wird und welcher Flächeninhalt davon abgezogen wird.

Markieren Sie in der Abbildung den Flächeninhalt, der übrig bleibt.

Vergessen Sie nicht, auch die zweite Teilfläche, in die die Verkleidung zerlegt wird, einzuzeichnen.

(3) Die Funktion F ist eine Stammfunktion der Funktion f, wenn $F'(x) = f(x)$ gilt.

Überlegen Sie, aus welchen drei Bestandteilen sich der im Aufgabentext gewählte Ansatz zusammensetzt.

Durch $F(x_2) - F(x_1)$ soll der Inhalt der Fläche zwischen der Profillinie der Rutsche und dem oberen Beckenrand im Bereich $2 \leq x \leq 5$ angegeben werden.

Teilaufgabe d

(1) Eine ganzrationale Funktion 3. Grades besitzt folgende Gleichung:
$g(x) = ax^3 + bx^2 + cx + d$ mit $a \neq 0$.

Leiten Sie aus den beiden anderen Vorgaben für die Rutsche vier Gleichungen ab und bestimmen Sie die Parameter in der Funktionsgleichung durch Lösen des linearen Gleichungssystems.

(2) Bestimmen Sie die durchschnittliche/mittlere Steigung des Graphen der ganzrationalen Funktion g und vergleichen Sie den Wert mit dem Ergebnis aus Teilaufgabe a(2).

(3) Berechnen Sie $\tan(60°)$ und zeigen Sie grafisch, dass die 1. Ableitung $g'(x)$ und damit das Gefälle der neuen Rutsche diesen Wert nicht unterschreiten.

Lösung

a) Da die Wasseroberfläche 20 cm = 0,2 m unterhalb des Beckenrandes liegt, muss zum Funktionswert $f_k(5)$ noch der Wert 0,2 addiert werden. Die Summe entspricht dem vorgegebenen Abstand von 31 cm = 0,31 m über der Wasseroberfläche am Ende der Rutsche. Aufstellen einer Gleichung und Auflösen der Gleichung mit dem GTR/CAS ergibt:

$f_k(5) + 0,2 = 0,31 \quad \Leftrightarrow \quad k \approx 1$

GTR

$fk(x):=(x+1)\cdot e^{1-k\cdot x}$	*Fertig*
nSolve(fk(5)+0.2=0.31,k)	0.999807

CAS

$fk(x):=(x+1)\cdot e^{1-k\cdot x}$	*Fertig*
solve(fk(5)+0.2=0.31,k)	k=0.999807

Bei der Funktion $f_1(x) = (x+1)\cdot e^{1-x}$, $0 \le x \le 5$ liegt das Ende der Rutsche 31 cm über der Wasseroberfläche.

b) (1) Die Profillinie der Rutsche fällt auf der gesamten Länge, wenn der Graph der Funktion f im gesamten Definitionsbereich streng monoton fallend ist.
Dies ist der Fall, wenn $f'(x) < 0$ ist für $0 < x < 5$. (Die Ränder des Definitionsbereichs können bei der Untersuchung auf Monotonie vernachlässigt werden.)

Mit der Produkt- und Kettenregel ergibt sich für die 1. Ableitung:

$$\begin{aligned} f'(x) &= 1\cdot e^{1-x} + (x+1)\cdot e^{1-x}\cdot(-1) \\ &= e^{1-x} - (x+1)\cdot e^{1-x} \\ &= e^{1-x} - x\cdot e^{1-x} - e^{1-x} \\ &= -x\cdot e^{1-x} \end{aligned}$$

CAS

$a1f(x):=\frac{d}{dx}(f(x))$	*Fertig*
a1f(x)	$-x\cdot e^{1-x}$

Für $x > 0$ gilt folgende Abschätzung:

$$f'(x) = \underbrace{-x}_{<0}\cdot\underbrace{e^{1-x}}_{>0} < 0$$

Der Graph der Funktion f ist streng monoton fallend für $x > 0$. Die Profillinie der Rutsche fällt daher auf der gesamten Länge.

Das durchschnittliche Gefälle der Rutsche entspricht der mittleren Steigung des Funktionsgraphen von f im Definitionsbereich $0 \le x \le 5$.

GTR/CAS

$\frac{f(5)-f(0)}{5-0}$	-0.521678

$$m = \frac{f(5) - f(0)}{5 - 0} \approx -0,52$$

Alternativ:

Die mittlere Steigung m kann auch grafisch anhand der Gleichung der Sekante durch die Punkte P(0 | f(0)) und Q(5 | f(5)) ermittelt werden.

Das durchschnittliche Gefälle der Rutsche beträgt ca. 0,52 m je Meter in horizontaler Richtung.

GTR/CAS

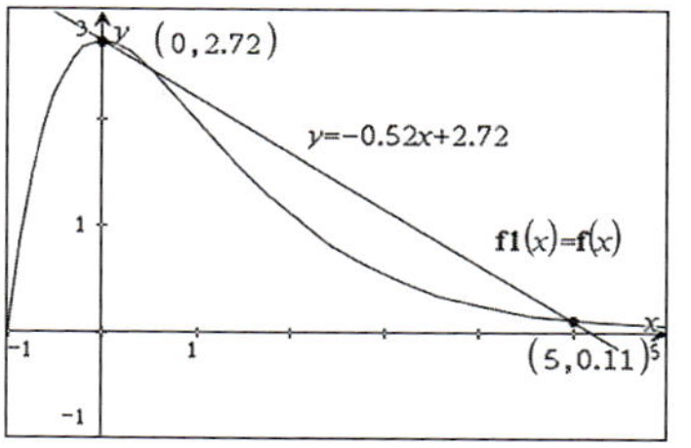

(2) Das Gefälle der Rutsche wird durch die 1. Ableitung f '(x) beschrieben. Das größte Gefälle liegt an der Minimalstelle der Funktion f '(x) vor. Dafür infrage kommen die Nullstellen der 2. Ableitung f ''(x) oder die Randstellen des Definitionsbereichs.

Mit der Produkt- und Kettenregel ergibt sich für die 2. Ableitung:

$$f''(x) = -1 \cdot e^{1-x} + (-x) \cdot e^{1-x} \cdot (-1)$$
$$= -e^{1-x} + x \cdot e^{1-x}$$
$$= (x-1) \cdot e^{1-x}$$

CAS

$a2f(x) := \frac{d^2}{dx^2}(f(x))$	Fertig
$a2f(x)$	$(e \cdot x - e) \cdot e^{-x}$

Notwendige Bedingung für eine Minimalstelle der Funktion f '(x): f ''(x) = 0

$$(x-1) \cdot e^{1-x} = 0 \quad |: e^{1-x} \neq 0$$
$$x - 1 = 0 \quad |+1$$
$$x = 1$$

Berechnung des Funktionswertes der Funktion f '(x):

$f'(1) = -1$

Zu überprüfen sind noch die Randstellen:

$f'(0) = 0$

$f'(5) \approx -0{,}09$

GTR/CAS

$a1f(x) := -x \cdot e^{1-x}$	Fertig
$a1f(1)$	-1
$a1f(0)$	0.
$a1f(5)$	-0.091578
$f(1)$	2

Das größte Gefälle besitzt die Rutsche nach 1 Meter in horizontaler Richtung. Mit f(1) = 2 lauten die Koordinaten des zugehörigen Punktes (1 | 2).

Der Winkel α, der zu diesem Gefälle gehört, berechnet sich durch:

$$\tan(\alpha) = -1$$
$$\alpha = \tan^{-1}(-1)$$
$$\alpha = -45°$$

GTR/CAS

$\tan^{-1}(-1)$	-45.

Da Neigungswinkel immer zwischen 0° und 90° angegeben werden, beträgt der zugehörige Neigungswinkel 45°. Die Rutsche wird der Norm daher gerecht.

c) (1) Die zu verkleidende Fläche auf einer Seite der Rutsche setzt sich aus der Fläche zwischen der Profillinie der Rutsche und dem oberen Beckenrand (x-Achse) sowie der rechteckigen Fläche zwischen dem Beckenrand und der Wasseroberfläche im Bereich $0 \leq x \leq 5$ zusammen. Da beide Seiten der Rutsche verkleidet werden sollen, wird mit 2 multipliziert.

$$A = 2 \cdot \left(\int_0^5 f(x)\,dx + 5 \cdot 0{,}2 \right) \approx 12{,}62\,[\text{m}^2]$$

GTR/CAS

$a := 2 \cdot \left(\int_0^5 f(x)\,dx + 5 \cdot 0.2 \right)$ 12.6167

Alternativ:

Wird die Wasseroberfläche durch die Funktion $h(x) = -0{,}2$ dargestellt, berechnet sich die zu verkleidende Fläche als Integral über die Differenzfunktion $f(x) - h(x)$ im Bereich $0 \leq x \leq 5$. Da beide Seiten der Rutsche verkleidet werden sollen, wird mit 2 multipliziert.

$$A = 2 \cdot \int_0^5 (f(x) - h(x))\,dx \approx 12{,}62\,[\text{m}^2]$$

GTR/CAS

$h(x) := -0.2$ *Fertig*

$a := 2 \cdot \int_0^5 (f(x) - h(x))\,dx$ 12.6167

Der Flächeninhalt der zu verkleidenden Fläche beträgt ca. 12,62 m^2.

(2) Das Integral $\int_0^2 f(x)\,dx$ gibt den Inhalt der Fläche zwischen der Profillinie der Rutsche und der x-Achse im Bereich $0 \leq x \leq 2$ an.
Durch Subtraktion des Terms $2 \cdot f(2)$ wird davon der Flächeninhalt des Rechtecks mit den Eckpunkten $(0\,|\,0)$, $(2\,|\,0)$, $(2\,|\,f(2))$ und $(0\,|\,f(2))$ abgezogen.
Übrig bleibt also der Flächeninhalt zwischen der Profillinie der Rutsche und einer zur x-Achse parallel verlaufenden Linie durch den Punkt $(2\,|\,f(2))$ des Graphen von f.

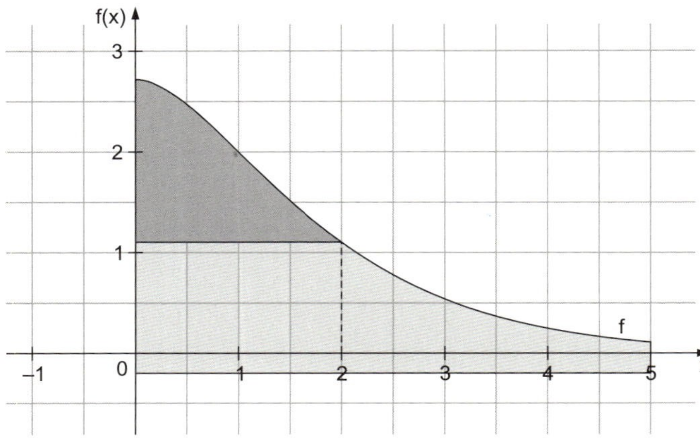

Abbildung 2

(3) Die Funktion F ist eine Stammfunktion der Funktion f, wenn $F'(x) = f(x)$ gilt.

Mit der Produkt- und Kettenregel gilt:

$$\begin{aligned} F'(x) &= -1 \cdot e^{1-x} - (x+2) \cdot e^{1-x} \cdot (-1) \\ &= (-1 + x + 2) \cdot e^{1-x} \\ &= (x+1) \cdot e^{1-x} \\ &= f(x) \end{aligned}$$

Die Funktion F ist daher eine geeignete Stammfunktion für den Ansatz.

Der im Aufgabentext gewählte Ansatz ergibt sich, wenn die zweite Teilfläche aus den folgenden drei Bestandteilen zusammengesetzt wird:

- Fläche zwischen der Profillinie der Rutsche und dem oberen Beckenrand (x-Achse) im Bereich $2 \leq x \leq 5$.
- Rechteckige Fläche zwischen dem Beckenrand und der Wasseroberfläche im Bereich $0 \leq x \leq 5$.
- Fläche des Rechtecks, das bei der Teilfläche aus Teilaufgabe b(2) abgezogen wurde.

Für den ersten Bestandteil folgt mit dem Hauptsatz der Integral- und Differenzialrechnung:

$$\int_2^5 f(x)\,dx = [F(x)]_2^5 = F(5) - F(2)$$

Passende Werte sind $x_1 = 2$ und $x_2 = 5$.

d) (1) Eine ganzrationale Funktion 3. Grades besitzt die Gleichung:

$g(x) = ax^3 + bx^2 + cx + d$ mit $a \neq 0$

Eine horizontale Entfernung von 1 Meter vom Startpunkt der Rutsche wird durch $x = 1$ ausgedrückt.

Wegen $\tan(45°) = 1$ führt die Forderung, dass die Rutsche bei $x = 1$ ein Gefälle von 45° aufweist, auf die Gleichung $g'(1) = -1$.

Dass der vertikale Abstand zur Wasseroberfläche bei $x = 1$ für beide Rutschen gleich ist, entspricht der Gleichung $g(1) = f(1)$.

Die Endpunkte der Rutschen stimmen überein, wenn $g(5) = f(5)$ gilt.

Die neue Rutsche läuft am Ende horizontal aus, wenn die Gleichung $g'(5) = 0$ erfüllt ist.

Insgesamt führen die Vorgaben auf folgende Gleichungen:

I $g'(1) = -1$

II $g(1) = f(1)$

III $g(5) = f(5)$

IV $g'(5) = 0$

Mit $g(x) = ax^3 + bx^2 + cx + d$ und der Ableitung $g'(x) = 3ax^2 + 2bx + c$ ergibt sich aus diesen Gleichungen folgendes lineares Gleichungssystem:

I $\quad 3a + 2b + c = -1$

II $\quad a + b + c + d = f(1)$

III $\quad 125a + 25b + 5c + d = f(5)$

IV $\quad 75a + 10b + c = 0$

GTR/CAS

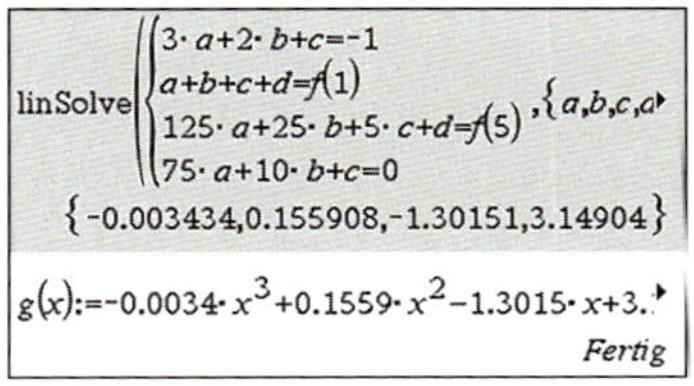

Die Lösungen lauten:
$a \approx -0{,}0034$, $b \approx 0{,}1559$, $c \approx -1{,}3015$ und $d \approx 3{,}1490$

Damit folgt:

$g(x) = -0{,}0034x^3 + 0{,}1559x^2 - 1{,}3015x + 3{,}1490, \quad 0 \leq x \leq 5$

(2) Für das durchschnittliche Gefälle der neuen Rutsche gilt:

$$m_{neu} = \frac{g(5) - g(0)}{5 - 0} \approx -0{,}61$$

Das durchschnittliche Gefälle der neuen Rutsche ist mit 0,61 m je Meter in horizontaler Richtung größer als das in Teilaufgabe a(2) berechnete durchschnittliche Gefälle der alten Rutsche. Dieses lag bei nur ca. 0,52 m.

GTR/CAS

oder

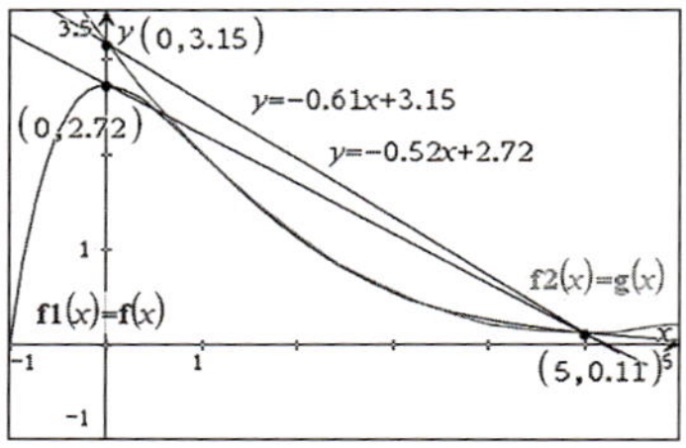

(3) Wegen $\tan(60°) \approx 1{,}73$ darf das Gefälle der neuen Rutsche, welches durch die 1. Ableitung $g'(x)$ angegeben wird, den Wert $-1{,}73$ nicht unterschreiten.

GTR/CAS

Zu zeigen ist also, dass folgende Ungleichung erfüllt ist:
$g'(x) > -1{,}73$ für $0 \leq x \leq 5$

Nach Teilaufgabe c(1) gilt für die 1. Ableitung $g'(x) = 3ax^2 + 2bx + c$. Durch Einsetzen von $a \approx -0{,}0034$, $b \approx 0{,}1559$ und $c \approx -1{,}3015$ ergibt sich:

$g'(x) = -0{,}0102x^2 + 0{,}3118x - 1{,}3015$

Die oben aufgestellte Ungleichung kann grafisch überprüft werden. Da der Graph der 1. Ableitung im Bereich $0 \leq x \leq 5$ oberhalb der Geraden mit der Gleichung $y = -1{,}73$ verläuft, gilt die Ungleichung und die neue Rutsche erfüllt die Vorgabe, dass der Neigungswinkel an keiner Stelle 60° überschreitet.

GTR/CAS

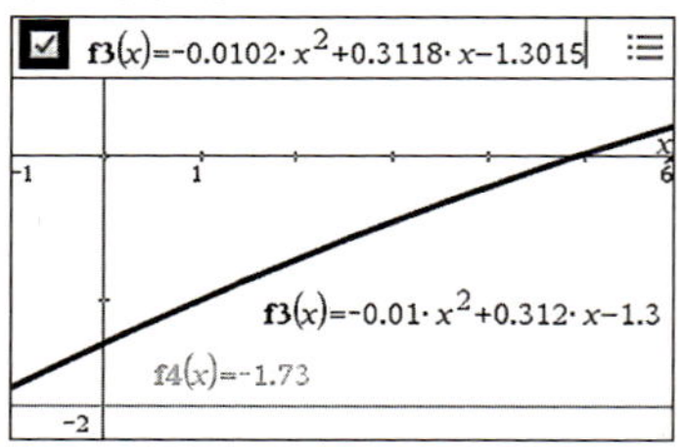

Übungsaufgaben im Stil der Abiturprüfung
Prüfungsteil B – Vektorielle Geometrie B3

Eine große Ausstellungshalle mit den Maßen 9 m × 15 m × 7 m wird als Teil des ersten Oktanten betrachtet. Der Boden der Halle liegt in der x_1x_2-Ebene, zwei Seitenwände der Halle befinden sich in der x_1x_3- bzw. x_2x_3-Ebene.

In der Halle steht eine 3 m hohe Dreieckspyramide ABCS auf Stützen. Die Grundfläche der Pyramide hat die Form eines gleichschenkligen Dreiecks mit der Basis $\overline{BC}$. Der Abstand der Grundfläche der Pyramide vom Boden der Halle ist überall gleich. Ebenso haben alle Punkte der Kante $\overline{BC}$ von der x_1x_3-Ebene den gleichen Abstand.

Die Gegebenheiten sind in der Abbildung 1 dargestellt.

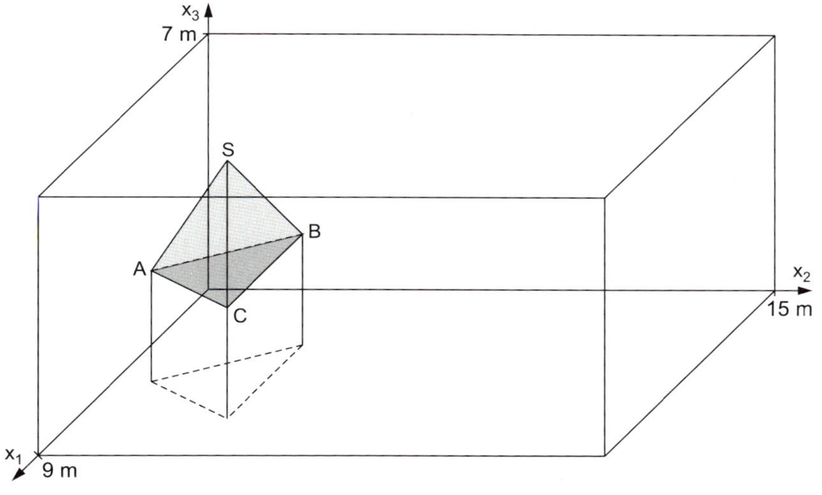

Abbildung 1

a) (1) Die Eckpunkte der Grundfläche der Pyramide besitzen die Koordinaten $A(a\,|\,1\,|\,3)$, $B(3\,|\,4\,|\,b)$ und $C(7\,|\,c\,|\,d)$.
Geben Sie mit Begründung die fehlenden Koordinaten der Eckpunkte der Grundfläche an.
[Zur Kontrolle: $A(5\,|\,1\,|\,3)$, $B(3\,|\,4\,|\,3)$ und $C(7\,|\,4\,|\,3)$]

(2) Durch die senkrechte Projektion der Pyramide auf den Boden der Halle wird die Pyramidenspitze S auf den Punkt $S''(5\,|\,3\,|\,0)$ abgebildet.
Bestimmen Sie mit Begründung die Koordinaten des Punktes S der Pyramidenspitze.
[Zur Kontrolle: $S(5\,|\,3\,|\,6)$]

b) (1) Stellen Sie eine Parametergleichung der Ebene E auf, in der die Seitenfläche BCS der Pyramide liegt.

(2) Berechnen Sie den Neigungswinkel der Seitenfläche BCS der Pyramide gegen die Grundfläche ABC.

c) (1) Überprüfen Sie, ob der Punkt $P\left(5 \mid \frac{25}{13} \mid \frac{57}{13}\right)$ auf der Pyramidenkante $\overline{AS}$ liegt.

(2) Zeigen Sie, dass die Strecken $\overline{BP}$ und $\overline{CP}$ senkrecht zur Kante $\overline{AS}$ verlaufen.

d) Die Pyramide wird durch eine punktförmige Lichtquelle, die sich in der Position L(5 | 12 | 1) befindet, so angestrahlt, dass der Schatten der Pyramide auf die linke Hallenwand, die in der x_1x_3-Ebene liegt, fällt.
Das Schattenbild auf der Hallenwand sieht dann wie in Abbildung 2 dargestellt aus.

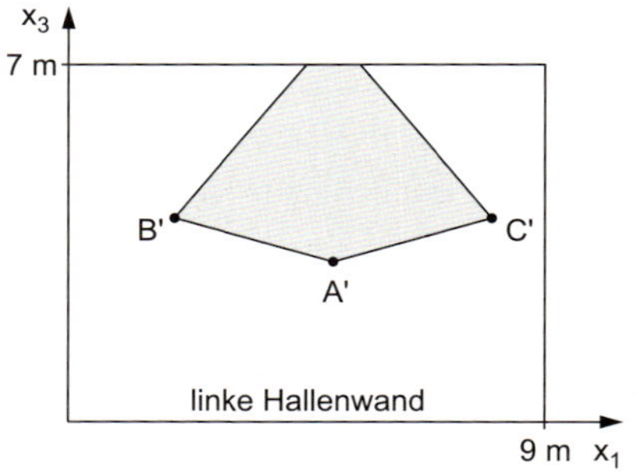

Abbildung 2

(1) Der Schattenpunkt des Eckpunktes A der Pyramide auf der Hallenwand ist A'.
Bestimmen Sie die Koordinaten von A'.

(2) Es wird angenommen, dass die Lichtquelle in der Höhe verstellt werden kann. Berechnen Sie, auf welche Höhe man die Lichtquelle im niedrigsten Fall einstellen muss, damit der Schatten der Pyramide noch vollständig auf der linken Hallenwand erscheint.

Hinweise und Tipps

Teilaufgabe a

(1) Alle Punkte der Pyramidengrundfläche sind vom Boden der Halle gleich weit entfernt. Überlegen Sie sich, welche Folgerung sich daraus für die x_3-Koordinaten der Punkte B und C ergibt.

Alle Punkte der Kante $\overline{BC}$ haben von der x_1x_3-Ebene den gleichen Abstand. Was ergibt sich daraus für die x_2-Koordinate des Punktes C?

Bei einem gleichschenkligen Dreieck liegt die Spitze des Dreiecks auf der Mittelsenkrechten zur Basis. Leiten Sie hieraus ab, welche x_1-Koordinate der Punkt A besitzt.

(2) Überlegen Sie, welche Koordinaten bei der Projektion erhalten bleiben.

In welcher Höhe liegt die Pyramidenspitze S?

Teilaufgabe b

(1) Stellen Sie mithilfe der Eckpunkte der Seitenfläche eine Drei-Punkte-Form der Ebenengleichung auf.

(2) Die Spitze S, ein geeigneter Punkt der Grundfläche und ein Punkt der Seitenfläche BCS bilden ein rechtwinkliges Dreieck. Überlegen Sie, welche Punkte dies sind.

Berechnen Sie mithilfe einer Winkelfunktion den Neigungswinkel.

Teilaufgabe c

(1) Stellen Sie eine Zwei-Punkte-Form der Geraden auf, auf der die Kante $\overline{AS}$ liegt.

Der Punkt P liegt auf der Kante, wenn die Koordinaten von P die Geradengleichung erfüllen und wenn der Parameter der Geraden einen Wert zwischen 0 und 1 annimmt.

(2) Eine Strecke verläuft senkrecht zu einer Kante, wenn das Skalarprodukt ihrer Richtungsvektoren gleich null ist.

Teilaufgabe d

(1) Stellen Sie eine Gleichung für den Lichtstrahl auf.

Überlegen Sie, welche Bedingung alle Punkte der x_1x_3-Ebene erfüllen und leiten Sie daraus eine Gleichung für den Parameter des Lichtstrahls ab.

Bestimmen Sie mit der Lösung der Gleichung die Koordinaten des Schattenpunktes A'.

(2) Die Lichtquelle muss in der Höhe so eingestellt werden, dass der Lichtstrahl durch die Pyramidenspitze die obere Kante der Hallenwand trifft.

Welche Folgerungen können Sie daraus für die Koordinaten des Schattenpunktes der Pyramidenspitze ziehen?

Stellen Sie eine Gleichung für den Lichtstrahl auf, auf dem der Schattenpunkt und die Pyramidenspitze liegen.

Die Koordinaten der Lichtquelle müssen die Gleichung des Lichtstrahls erfüllen. Führen Sie eine Punktprobe durch.

Lösung

a) (1) Der Abstand der Grundfläche der Pyramide vom Boden der Halle ist überall gleich. Die x_3-Koordinaten der Punkte A, B und C sind deswegen gleich. Da die x_3-Koordinate des Punktes A gleich 3 ist, sind auch die x_3-Koordinaten der Punkte B und C gleich 3.

Es gilt also:
$b = 3$ und $d = 3$

Alle Punkte der Kante $\overline{BC}$ haben von der x_1x_3-Ebene den gleichen Abstand. Deswegen besitzen alle Punkte der Kante die gleiche x_2-Koordinate. Da die x_2-Koordinate des Punktes B gleich 4 ist, ist die x_2-Koordinate von C auch gleich 4.

Es gilt also:
$c = 4$

Die Grundfläche der Pyramide ist ein gleichschenkliges Dreieck mit der Basis $\overline{BC}$. Der Punkt A liegt deswegen auf der Mittelsenkrechten zur Basis $\overline{BC}$. Die x_1-Koordinate von A ist somit gleich der x_1-Koordinate des Mittelpunktes der Kante $\overline{BC}$. Und diese ist gleich dem Mittelwert der x_1-Koordinaten der Punkte B und C.

Es gilt also:

$$a = \frac{3+7}{2} = 5$$

(2) Bei der senkrechten Projektion auf die x_1x_2-Ebene bleiben die x_1- und x_2-Koordinaten der Punkte erhalten.
Da die Grundfläche der Pyramide 3 m über dem Hallenboden liegt und die Höhe der Pyramide 3 m beträgt, ist die x_3-Koordinate des Punktes S gleich 6.

Die Spitze S der Pyramide hat die Koordinaten $S(5\,|\,3\,|\,6)$.

b) (1) Mit dem Anbindungspunkt S sowie den Spannvektoren $\overrightarrow{SB}$ und $\overrightarrow{SC}$ lautet die Drei-Punkte-Form der Ebene:

$$E:\ \vec{x} = \begin{pmatrix} 5 \\ 3 \\ 6 \end{pmatrix} + r \cdot \begin{pmatrix} -2 \\ 1 \\ -3 \end{pmatrix} + t \cdot \begin{pmatrix} 2 \\ 1 \\ -3 \end{pmatrix};\ r, t \in \mathbb{R}$$

GTR/CAS

$b := \begin{bmatrix} 3 \\ 4 \\ 3 \end{bmatrix} : c := \begin{bmatrix} 7 \\ 4 \\ 3 \end{bmatrix} : s := \begin{bmatrix} 5 \\ 3 \\ 6 \end{bmatrix}$ → $\begin{bmatrix} 5 \\ 3 \\ 6 \end{bmatrix}$

$v1 := b - s$ → $\begin{bmatrix} -2 \\ 1 \\ -3 \end{bmatrix}$

$v2 := c - s$ → $\begin{bmatrix} 2 \\ 1 \\ -3 \end{bmatrix}$

(2) Die Spitze S der Pyramide, der Lotfußpunkt F von der Spitze S auf die Grundfläche der Pyramide und der Mittelpunkt M der Kante $\overline{BC}$ bilden ein rechtwinkliges Dreieck.

Der Lotfußpunkt F hat die Koordinaten F(5 | 3 | 3) und für die Koordinaten des Mittelpunktes M gilt:

$$\vec{m} = \frac{1}{2} \cdot (\vec{b} + \vec{c}) = \begin{pmatrix} 5 \\ 4 \\ 3 \end{pmatrix}$$

GTR/CAS

$f := \begin{bmatrix} 5 \\ 3 \\ 3 \end{bmatrix}$ → $\begin{bmatrix} 5 \\ 3 \\ 3 \end{bmatrix}$

$m := \frac{1}{2} \cdot (b+c)$ → $\begin{bmatrix} 5 \\ 4 \\ 3 \end{bmatrix}$

norm$(m-f)$ → 1

Die Katheten des rechtwinkligen Dreiecks besitzen daher die Längen:

$|\overrightarrow{FM}| = 1\,[\text{m}]$

$|\overrightarrow{FS}| = 3\,[\text{m}]$ (entspricht der Höhe der Pyramide)

Im rechtwinkligen Dreieck gilt:

$$\tan(\alpha) = \frac{\text{Gegenkathete}}{\text{Ankathete}}$$

$$\tan(\alpha) = \frac{3}{1}$$

$$\alpha = \tan^{-1}\left(\frac{3}{1}\right)$$

$$\alpha \approx 71{,}57°$$

GTR/CAS

$\tan^{-1}\left(\frac{3}{1}\right)$ → 71.5651

Die Seitenfläche BCS der Pyramide ist um ca. 71,57° gegen die Grundfläche geneigt.

c) (1) Die Zwei-Punkte-Form der Geraden g_{AS} mit dem Anbindungspunkt A und dem Richtungsvektor $\overrightarrow{AS}$ lautet:

$$g_{AS}\colon \vec{x} = \begin{pmatrix} 5 \\ 1 \\ 3 \end{pmatrix} + r \cdot \begin{pmatrix} 0 \\ 2 \\ 3 \end{pmatrix};\ r \in \mathbb{R}$$

Der Punkt P liegt dann auf der Kante $\overline{AS}$, wenn die Punktprobe für den Parameter r eine eindeutige Lösung liefert und wenn für diese Lösung $0 \leq r \leq 1$ gilt.

$$\begin{pmatrix} 5 \\ \frac{25}{13} \\ \frac{57}{13} \end{pmatrix} = \begin{pmatrix} 5 \\ 1 \\ 3 \end{pmatrix} + r \cdot \begin{pmatrix} 0 \\ 2 \\ 3 \end{pmatrix}$$

GTR/CAS

$s-a$ → $\begin{bmatrix} 0 \\ 2 \\ 3 \end{bmatrix}$

linSolve$\left(\begin{cases} \frac{25}{13}=1+2\cdot r \\ \frac{57}{13}=3+3\cdot r \end{cases}, \{r\}\right)$ → $\left\{\frac{6}{13}\right\}$

CAS

$gas := a + r \cdot (s-a)$ → $\begin{bmatrix} 5 \\ 2\cdot r+1 \\ 3\cdot r+3 \end{bmatrix}$

solve$\left(\begin{bmatrix} 5 \\ \frac{25}{13} \\ \frac{57}{13} \end{bmatrix} = gas, r\right)$ → $r = \frac{6}{13}$

Die Vektorgleichung führt auf folgende Koordinatengleichungen:

I $\quad 5=5 \qquad$ (wahre Aussage)

II $\quad \frac{25}{13}=1+2r$

III $\quad \frac{57}{13}=3+3r$

Die eindeutige Lösung $r=\frac{6}{13}$ erfüllt auch die Bedingung $0 \le r=\frac{6}{13} \le 1$.

Der Punkt P liegt somit auf der Kante $\overline{AS}$.

(2) Die Strecken $\overline{BP}$ und $\overline{CP}$ verlaufen dann senkrecht zur Kante $\overline{AS}$, wenn das Skalarprodukt von $\overrightarrow{BP}$ bzw. $\overrightarrow{CP}$ mit dem Richtungsvektor der Geraden g_{AS} jeweils gleich null ist.

$$\overrightarrow{BP} \circ \overrightarrow{AS} = \begin{pmatrix} 2 \\ -\frac{27}{13} \\ \frac{18}{13} \end{pmatrix} \circ \begin{pmatrix} 0 \\ 2 \\ 3 \end{pmatrix} = 0$$

$$\overrightarrow{CP} \circ \overrightarrow{AS} = \begin{pmatrix} -2 \\ -\frac{27}{13} \\ \frac{18}{13} \end{pmatrix} \circ \begin{pmatrix} 0 \\ 2 \\ 3 \end{pmatrix} = 0$$

GTR/CAS

$p:=\begin{bmatrix} 5 \\ \frac{25}{13} \\ \frac{57}{13} \end{bmatrix}$	$\begin{bmatrix} 5 \\ \frac{25}{13} \\ \frac{57}{13} \end{bmatrix}$
$p-b$	$\begin{bmatrix} 2 \\ \frac{-27}{13} \\ \frac{18}{13} \end{bmatrix}$
$p-c$	$\begin{bmatrix} -2 \\ \frac{-27}{13} \\ \frac{18}{13} \end{bmatrix}$
dotP(p−b,s−a)	0
dotP(p−c,s−a)	0

d) (1) Zur Bestimmung des Schattenpunktes von A muss der Spurpunkt des Lichtstrahls, der vom Punkt L ausgeht und durch den Eckpunkt A verläuft, mit der Projektionsfläche, also der linken Hallenwand, bestimmt werden.

Der von L ausgehende Lichtstrahl durch den Punkt A hat die Gleichung:

$$g_{LA}\colon \vec{x} = \vec{\ell} + t \cdot \overrightarrow{LA}$$
$$= \begin{pmatrix} 5 \\ 12 \\ 1 \end{pmatrix} + t \cdot \begin{pmatrix} 0 \\ -11 \\ 2 \end{pmatrix}; \quad t \ge 0$$

Da die linke Hallenwand Teil der x_1x_3-Ebene ist, erfüllen alle Punkte der Wand die Eigenschaft $x_2=0$.

Durch Nullsetzen der zweiten Koordinate von g_{LA} ergibt sich:

$12-11t=0$

GTR/CAS

$l:=\begin{bmatrix} 5 \\ 12 \\ 1 \end{bmatrix}$	$\begin{bmatrix} 5 \\ 12 \\ 1 \end{bmatrix}$
$a-l$	$\begin{bmatrix} 0 \\ -11 \\ 2 \end{bmatrix}$
linSolve({12−11·t=0 ,{t})	$\left\{\frac{12}{11}\right\}$
$l+\frac{12}{11}\cdot(a-l)$	$\begin{bmatrix} 5 \\ 0 \\ \frac{35}{11} \end{bmatrix}$

Die Lösung dieser Gleichung lautet:

$t = \frac{12}{11}$

Für den Ortsvektor des Schattenpunktes A' folgt damit:

$$\vec{a}\,' = \begin{pmatrix} 5 \\ 12 \\ 1 \end{pmatrix} + \frac{12}{11} \cdot \begin{pmatrix} 0 \\ -11 \\ 2 \end{pmatrix} = \begin{pmatrix} 5 \\ 0 \\ \frac{35}{11} \end{pmatrix}$$

Die Koordinaten des Schattenpunktes lauten $A'\left(5 \mid 0 \mid \frac{35}{11}\right)$.

CAS

$l := \begin{bmatrix} 5 \\ 12 \\ 1 \end{bmatrix}$ → $\begin{bmatrix} 5 \\ 12 \\ 1 \end{bmatrix}$

$gla := l + t \cdot (a - l)$ → $\begin{bmatrix} 5 \\ 12-11\cdot t \\ 2\cdot t+1 \end{bmatrix}$

$\text{solve}(12-11\cdot t=0,t)$ → $t=\frac{12}{11}$

$gla|t=\frac{12}{11}$ → $\begin{bmatrix} 5 \\ 0 \\ \frac{35}{11} \end{bmatrix}$

(2) Die Lichtquelle muss in der Höhe so eingestellt werden, dass der Lichtstrahl die obere Kante der linken Hallenwand gerade noch trifft.

Der Schattenpunkt S' der Pyramidenspitze hat daher die x_2-Koordinate 0 und die x_3-Koordinate 7. Seine x_1-Koordinate ist gleich 5, da die Lichtquelle und auch die Pyramidenspitze diese x_1-Koordinate besitzen.

Für den Schattenpunkt S' der Pyramidenspitze gilt somit: $S'(5 \mid 0 \mid 7)$

Für den Lichtstrahl, der durch den Schattenpunkt S' und durch die Pyramidenspitze S verläuft, ergibt sich folgende Gleichung:

$$g_{LS}\colon\ \vec{x} = \vec{s}\,' + k \cdot \overrightarrow{S'S} = \begin{pmatrix} 5 \\ 0 \\ 7 \end{pmatrix} + k \cdot \begin{pmatrix} 0 \\ 3 \\ -1 \end{pmatrix};\ k \geq 0$$

GTR/CAS

$ss := \begin{bmatrix} 5 \\ 0 \\ 7 \end{bmatrix}$ → $\begin{bmatrix} 5 \\ 0 \\ 7 \end{bmatrix}$

$s - ss$ → $\begin{bmatrix} 0 \\ 3 \\ -1 \end{bmatrix}$

$\text{linSolve}\left(\begin{cases} 12=3\cdot k \\ h=7-k \end{cases},\{h,k\}\right)$ → $\{3,4\}$

Die Koordinaten der Lichtquelle, die auf diesem Lichtstrahl liegt, lauten $L'(5 \mid 12 \mid h)$.

Eine Punktprobe ergibt:

$$\begin{pmatrix} 5 \\ 12 \\ h \end{pmatrix} = \begin{pmatrix} 5 \\ 0 \\ 7 \end{pmatrix} + k \cdot \begin{pmatrix} 0 \\ 3 \\ -1 \end{pmatrix}$$

CAS

$ss := \begin{bmatrix} 5 \\ 0 \\ 7 \end{bmatrix}$ → $\begin{bmatrix} 5 \\ 0 \\ 7 \end{bmatrix}$

$gls := ss + k \cdot (s - ss)$ → $\begin{bmatrix} 5 \\ 3\cdot k \\ 7-k \end{bmatrix}$

$\text{solve}\left(\begin{bmatrix} 5 \\ 12 \\ h \end{bmatrix} = gls, h, k\right)$ → $h=3 \text{ and } k=4$

Die Vektorgleichung führt auf folgende Koordinatengleichungen:

I $5 = 5$ (wahre Aussage)

II $12 = 3k$

III $h = 7 - k$

Aus Gleichung II folgt $k = 4$.
Einsetzen in Gleichung III liefert $h = 3$.

Der Strahler muss also in die Position $L'(5 \mid 12 \mid 3)$ und damit auf eine Höhe von 3 m eingestellt werden. Im Vergleich zum Strahler $L(5 \mid 12 \mid 1)$ muss er also um 2 m nach oben verschoben werden.

Übungsaufgaben im Stil der Abiturprüfung
Prüfungsteil B – Stochastik B4

Geir Jordet, Professor für Sportwissenschaften in Oslo, hat das Elfmeterschießen anhand von Daten aus den letzten 30 Jahren wissenschaftlich untersucht. Dabei kam er zu interessanten Ergebnissen. Unter anderem fand er heraus, dass in der Theorie die durchschnittliche Trefferwahrscheinlichkeit beim Elfmeterschießen bei 75 % liegt.

a) Gehen Sie vereinfachend davon aus, dass bei einem Spiel nach der Verlängerung im Elfmeterschießen alle 5 Schützen einer Mannschaft mit der in der Studie ermittelten Wahrscheinlichkeit treffen.
Berechnen Sie die Wahrscheinlichkeiten für folgende Ereignisse:
E_1: Die Mannschaft verwandelt keinen Elfmeter.
E_2: Die Mannschaft verwandelt mindestens 3 Elfmeter.
E_3: Die Mannschaft verschießt keinen Elfmeter.

b) Durch umfangreiche Tests konnte bestätigt werden, dass die Trefferzahl X beim Elfmeterschießen binomialverteilt ist mit der von Geir Jordet ermittelten Trefferwahrscheinlichkeit $p = 0{,}75$.
Einer dieser Tests ist in der folgenden Abbildung grafisch veranschaulicht. Dabei besitzen die Säulen in der Abbildung eine Breite von 1 LE.

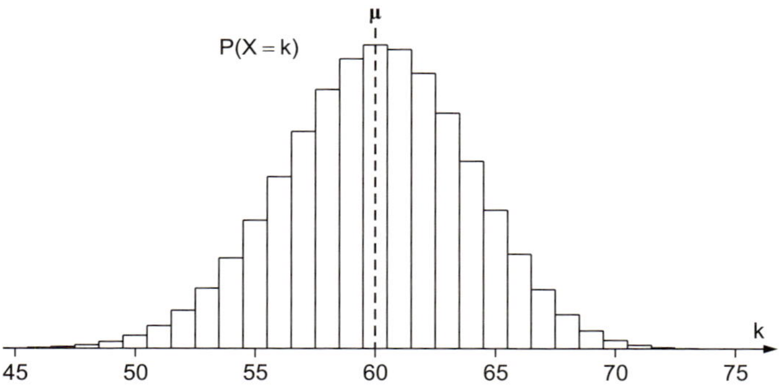

Abbildung

(1) Bestimmen Sie anhand der Abbildung, welcher Parameter n dem Test zugrunde lag, und berechnen Sie die Standardabweichung σ.

(2) Weisen Sie rechnerisch nach, dass die Abschätzung
$P(\mu - 1{,}64\sigma \leq X \leq \mu + 1{,}64\sigma) \approx 90\ \%$
erfüllt ist, und stellen Sie die Wahrscheinlichkeit in der Abbildung grafisch dar.

c) Bei einer groß angelegten Zuschauerbefragung an einem Bundesliga-Spieltag hat sich herausgestellt, dass von insgesamt 75 000 befragten Zuschauern nur 25 000 mit der Schiedsrichterleistung zufrieden sind.

   (1) Geben Sie an, wie hoch die relative Häufigkeit ist, dass ein Zuschauer, der an der Befragung teilgenommen hat, mit der Schiedsrichterleistung zufrieden ist, und wie lange es im Durchschnitt dauert, bis man bei der Befragung auf einen zufriedenen Zuschauer trifft.

   (2) Im Folgenden soll die relative Häufigkeit für die Zufriedenheit eines Zuschauers als Wahrscheinlichkeit verwendet werden. Zwei Zuschauer werden zufällig ausgewählt und unabhängig nach ihrer Meinung befragt.
   Bestimmen Sie die Wahrscheinlichkeiten der folgenden Ereignisse:

   A: Beide Zuschauer sind mit der Schiedsrichterleistung zufrieden.

   B: Beide Zuschauer sind mit der Schiedsrichterleistung unzufrieden.

   C: Die Zuschauer sind unterschiedlicher Meinung.

Hinweise und Tipps

Teilaufgabe a

Betrachten Sie die binomialverteilte Zufallsgröße X, die die Anzahl der verwandelten Elfmeter angibt.

Berechnen Sie $P(X=0)$, $P(X \geq 3)$ und $P(X=5)$.

Alternativ: Betrachten Sie für das Ereignis E_3 die Zufallsgröße Y, die die Anzahl der verschossenen Elfmeter angibt, und berechnen Sie $P(Y=0)$.

Teilaufgabe b

(1) Berechnen Sie den Parameter n, indem Sie den Erwartungswert μ aus der Abbildung ablesen und die Formel $\mu = n \cdot p$ nach n auflösen.

Bei einer binomialverteilten Zufallsgröße gilt für die Varianz $Var = n \cdot p \cdot (1-p)$ und für die Standardabweichung $\sigma = \sqrt{Var}$.

(2) Bestimmen Sie mithilfe des Erwartungswertes μ und der Standardabweichung σ die Grenzen, innerhalb deren die Zufallsgröße X liegen soll.

Berechnen Sie die zugehörige Wahrscheinlichkeit und prüfen Sie, ob diese annähernd gleich 0,9 ist.

Vergessen Sie die grafische Darstellung in der Abbildung nicht.

Teilaufgabe c

(1) Berechnen Sie die relative Häufigkeit als Quotient aus den Zuschauern, die bei der Befragung angegeben haben, zufrieden zu sein, und der Anzahl der insgesamt befragten Zuschauer.

Berechnen Sie die durchschnittliche Wartezeit $\frac{1}{h}$.

(2) Überlegen Sie, ob die Befragung dafür geeignet ist, um eine Binomialverteilung anzusetzen.

Betrachten Sie die Zufallsgröße Z, die die Anzahl der befragten Zuschauer angibt, die mit der Schiedsrichterleistung zufrieden sind.

Berechnen Sie $P(Z=2)$, $P(Z=0)$ und $P(Z=1)$.

Alternativ: Betrachten Sie für das Ereignis B die Zufallsgröße $\overline{Z}$, die die Anzahl der befragten Zuschauer angibt, die mit der Schiedsrichterleistung unzufrieden sind, und berechnen Sie $P(\overline{Z}=2)$.

Zur Kontrolle können Sie überprüfen, ob die Summe der drei berechneten Wahrscheinlichkeiten 1 ergibt.

Lösung

a) Die Zufallsgröße X, die die Anzahl der verwandelten Elfmeter angibt, wird als binomialverteilt mit $n=5$ und $p=0{,}75$ angenommen.

$P(E_1) = P(X=0) \approx 0{,}001 = 0{,}1\,\%$

$$P(E_2) = P(X \geq 3) = P(3 \leq X \leq 5) \approx 0{,}8965 = 89{,}65\,\%$$

GTR/CAS

binomPdf(5,0.75,0)	0.000977
binomCdf(5,0.75,3,5)	0.896484

Alternativ:

$$P(E_2) = P(X \geq 3) = 1 - P(X \leq 2) \approx 0{,}8965 = 89{,}65\,\%$$

1-binomCdf(5,0.75,0,2)	0.896484

Verschießt die Mannschaft keinen Elfmeter, dann verwandelt sie alle.

$P(E_3) = P(X=5) \approx 0{,}2373 = 23{,}73\,\%$

binomPdf(5,0.75,5)	0.237305

Alternativ:

Die Zufallsgröße Y, die die Anzahl der verschossenen Elfmeter angibt, ist ebenfalls binomialverteilt mit $n=5$ und $q=0{,}25$.

$P(E_3) = P(Y=0) \approx 0{,}2373 = 23{,}73\,\%$

binomPdf(5,0.25,0)	0.237305

b) (1) Aus der Abbildung kann der Erwartungswert $\mu = 60$ für die binomialverteilte Zufallsgröße X abgelesen werden. Mit der gegebenen Trefferwahrscheinlichkeit $p = 0{,}75$ folgt:

$$\mu = n \cdot p \quad \Leftrightarrow \quad 60 = n \cdot 0{,}75 \qquad |:0{,}75$$

$$\frac{60}{0{,}75} = n$$

$$80 = n$$

Dem Test lag der Parameter $n = 80$ zugrunde.

Bei einer binomialverteilten Zufallsgröße gilt für die Varianz $Var = n \cdot p \cdot (1-p)$ und für die Standardabweichung $\sigma = \sqrt{Var}$.

$$Var = n \cdot p \cdot (1-p) = 80 \cdot 0{,}75 \cdot 0{,}25 = 15$$

$$\sigma = \sqrt{Var} = \sqrt{15} \approx 3{,}87$$

(2) Mit der berechneten Standardabweichung ergeben sich als Grenzen:

$$\mu + 1{,}64\sigma = 60 + 1{,}64 \cdot 3{,}87 \approx 66$$
$$\mu - 1{,}64\sigma = 60 - 1{,}64 \cdot 3{,}87 \approx 54$$

Für die gesuchte Wahrscheinlichkeit folgt:

$P(54 \le X \le 66) \approx 0{,}9 = 90\ \%$

GTR/CAS

binomCdf(80,0.75,54,66)	0.908016

Die Abschätzung ist damit erfüllt.

Da die Säulen in der Abbildung 1 LE breit sind, kann die Wahrscheinlichkeit für mindestens 54 bis höchstens 66 Treffer durch die grau eingefärbte Fläche dargestellt werden:

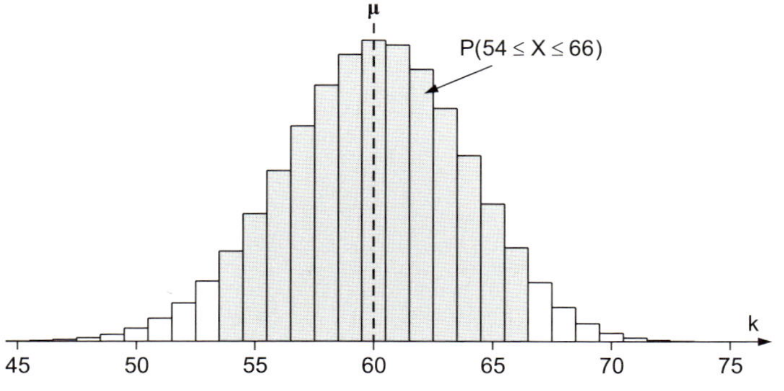

c) (1) Die relative Häufigkeit ergibt sich als Quotient aus den Zuschauern, die bei der Befragung angegeben haben, zufrieden zu sein, und der Anzahl der insgesamt befragten Zuschauer.

Für die relative Häufigkeit gilt:

$$h = \frac{25\,000}{75\,000} = \frac{1}{3}$$

Die durchschnittliche Wartezeit, bis man auf einen zufriedenen Zuschauer trifft, beträgt:

$$\frac{1}{h}=\frac{1}{\frac{1}{3}}=3$$

Im Durchschnitt gibt jeder dritte befragte Zuschauer an, mit der Schiedsrichterleistung zufrieden zu sein.

(2) Da die Zuschauer unabhängig voneinander befragt werden und es nur zwei verschiedene Antwortmöglichkeiten gibt (zufrieden oder unzufrieden), ist die Zufallsgröße Z, die die Anzahl der zufriedenen Zuschauer angibt, binomialverteilt mit $n=2$ und $p=\frac{1}{3}$.

$P(A)=P(Z=2)\approx 0{,}1111=11{,}11\ \%$

$P(B)=P(Z=0)\approx 0{,}4444=44{,}44\ \%$

GTR/CAS

$\text{binomPdf}\left(2,\frac{1}{3},2\right)$	0.111111
$\text{binomPdf}\left(2,\frac{1}{3},0\right)$	0.444444

Alternativ:

Die Zufallsgröße $\overline{Z}$, die die Anzahl der unzufriedenen Zuschauer angibt, ist ebenfalls binomialverteilt mit $n=2$ und $q=\frac{2}{3}$.

$\text{binomPdf}\left(2,\frac{2}{3},2\right)$	0.444444

$P(B)=P(\overline{Z}=2)\approx 0{,}4444=44{,}44\ \%$

Die Zuschauer sind unterschiedlicher Meinung, wenn einer der Befragten zufrieden und der andere unzufrieden ist.

$P(C)=P(Z=1)\approx 0{,}4444=44{,}44\ \%$

$\text{binomPdf}\left(2,\frac{1}{3},1\right)$	0.444444

Abiturprüfung 2020 Mathematik Grundkurs (Nordrhein-Westfalen)
Prüfungsteil A – Aufgaben ohne Hilfsmittel

Punkte

a) Gegeben ist die Funktion f mit $f(x) = x^3 - x,\ x \in \mathbb{R}$.

(1) Zeigen Sie: $f'(-1) = 2$. 2

(2) Bestimmen Sie eine Gleichung der Tangente an den Graphen von f an der Stelle $x = -1$. 4

b) Die Funktion f ist gegeben durch $f(x) = e^x - e,\ x \in \mathbb{R}$.
Der Graph von f und die Koordinatenachsen begrenzen im 4. Quadranten eine Fläche (vgl. Abbildung 1).

(1) Der Graph von f hat genau eine Nullstelle.
Zeigen Sie, dass $x = 1$ die Nullstelle des Graphen von f ist. 2

(2) Berechnen Sie den Inhalt der vom Graphen von f und den Koordinatenachsen eingeschlossenen Fläche. 4

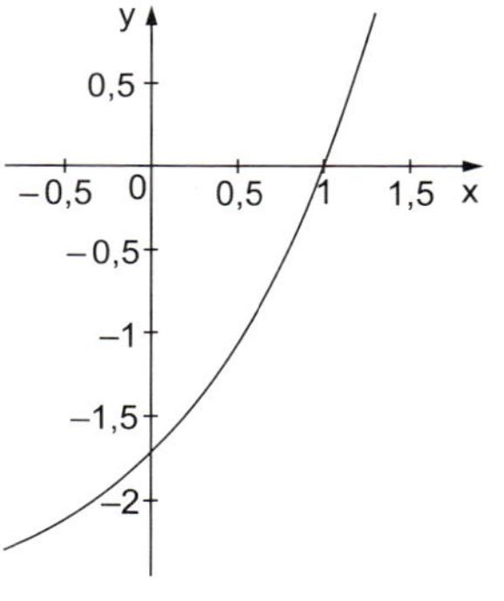

Abbildung 1

c) Die Punkte A(0 | 0 | 0), B(3 | 4 | 0), C, D(–8 | 6 | 0), E(0 | 0 | 10), F, G und H bilden einen Quader (siehe Abbildung 2).

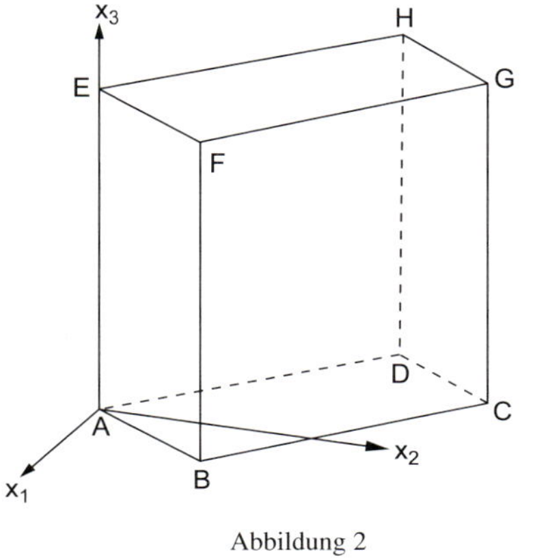

Abbildung 2

(1) Ermitteln Sie die Koordinaten des Punktes G. 2

(2) Weisen Sie rechnerisch nach, dass die Kanten $\overline{AB}$ und $\overline{AD}$ senkrecht zueinander verlaufen. 2

(3) Ermitteln Sie das Volumen V des Quaders. 2

d) Bei einem Stadtfest gibt es ein Glücksrad, welches in zehn gleich große Sektoren unterteilt ist (siehe Abbildung 3). Jede teilnehmende Person dreht das Glücksrad genau einmal.

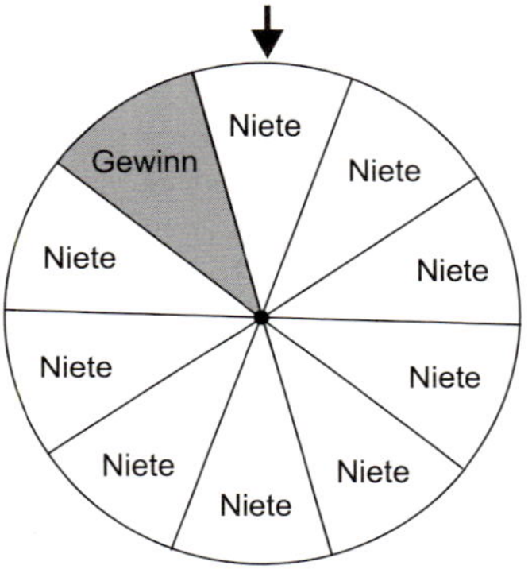

Abbildung 3

(1) Beschreiben Sie in diesem Sachzusammenhang ein Ereignis, dessen Wahrscheinlichkeit mit dem folgenden Term berechnet werden kann:
$\binom{7}{0} \cdot 0{,}1^0 \cdot 0{,}9^7 + \binom{7}{1} \cdot 0{,}1^1 \cdot 0{,}9^6.$ 2

(2) Geben Sie einen Term an, mit dem die Wahrscheinlichkeit für das folgende Ereignis berechnet werden kann:
„Von 20 teilnehmenden Personen erhalten genau vier Personen einen Gewinn." 1

Ein anderes Glücksrad ist in n gleich große Sektoren aufgeteilt. Zwei Personen drehen dieses Glücksrad jeweils genau einmal. Die Zufallsgröße X gibt die Anzahl der Personen an, die einen Gewinn erhalten. Es gilt: $P(X=0)=\frac{4}{9}$.

(3) Ermitteln Sie eine mögliche Gesamtzahl n der Sektoren auf dem Glücksrad sowie die zugehörige Anzahl der Sektoren mit einem Gewinn. 3

Hinweise und Tipps

Teilaufgabe a

(1) Bestimmen Sie die 1. Ableitung.

(2) Die Steigung einer Tangente an der Stelle $x=-1$ ergibt sich durch die 1. Ableitung von f an der Stelle $x=-1$.

Bestimmen Sie den Punkt $S(-1\,|\,y)$ und stellen Sie die Gleichung der Tangente auf.

Teilaufgabe b

(1) Zeigen Sie, dass $f(1)=0$.

(2) Bestimmen Sie mithilfe von Abbildung 1 und Teilaufgabe (1) die Grenzen des Integrals.

Teilaufgabe c

(1) Ermitteln Sie die Koordinaten des Ortsvektors $\overrightarrow{OG}$ durch eine Vektorkette mit geeigneten Vektoren im Quader vom Ursprung (Punkt A) bis zum Punkt G.

Die Vektoren $\overrightarrow{BC}$ und $\overrightarrow{CG}$ können nicht direkt berechnet werden, da die Koordinaten von C nicht gegeben sind. Durch welche Vektoren im Quader können sie ausgedrückt werden?

(2) Bestimmen Sie die Vektoren $\overrightarrow{AB}$ und $\overrightarrow{AD}$.

Zeigen Sie mithilfe des Skalarprodukts, dass die beiden Vektoren senkrecht zueinander verlaufen.

(3) Im Quader berechnet man das Volumen durch $V=|\overrightarrow{AB}|\cdot|\overrightarrow{AD}|\cdot|\overrightarrow{AE}|$.

Teilaufgabe d

(1) Bedenken Sie, dass es sich um eine Binomialverteilung handelt. Ermitteln Sie anhand des Terms die Anzahl der teilnehmenden Personen, die Anzahl der Personen mit Gewinn und die Gewinnwahrscheinlichkeit.

(2) Betrachten Sie die Zufallsgröße X für die Anzahl der Personen mit Gewinn.

Berechnen Sie $P(X=4)$.

(3) Erstellen Sie eine Gleichung für $P(X=0)=\frac{4}{9}$, indem Sie für die Gewinnwahrscheinlichkeit p als Variable einsetzen. Lösen Sie die Gleichung nach p auf.

Lösung

a) (1) Die 1. Ableitung von f lautet:
$f'(x) = 3 \cdot x^2 - 1$
$f'(-1) = 3 \cdot (-1)^2 - 1 = 3 - 1 = 2$

(2) Eine Tangente hat die Gleichung $y = m \cdot x + b$.
Der Berührungspunkt S der Tangente mit dem Graphen von f an der Stelle $x = -1$ wird berechnet durch:
$f(-1) = (-1)^3 - (-1) = (-1) + 1 = 0 = y$
Damit gilt: $S(-1 \mid 0)$

Die Steigung m der Tangente entspricht der Steigung des Graphen von f im Punkt S.
Man erhält m, indem man $x = -1$ in die 1. Ableitung von f einsetzt (siehe Teilaufgabe a (1)).
$f'(-1) = 2 = m$

Setzt man die Werte für $S(-1 \mid 0)$ und $m = 2$ in die Tangentengleichung ein, so erhält man:
$0 = 2 \cdot (-1) + b$
$0 = -2 + b \qquad |+2$
$b = 2$

Die Tangentengleichung lautet somit: $y = 2 \cdot x + 2$

b) (1) $f(1) = e^1 - e = 0$

(2) Eine Stammfunktion von f ist:
$F(x) = e^x - e \cdot x$

Da der Graph von f an der Stelle $x = 1$ die einzige Nullstelle besitzt, kann der gesuchte Flächeninhalt wie folgt bestimmt werden:

$$\int_0^1 (e^x - e)\,dx = [e^x - e \cdot x]_0^1 = (e^1 - e \cdot 1) - (e^0 - e \cdot 0) = 0 - 1 = -1$$

Die eingeschlossene Fläche beträgt demnach 1 FE.

c) (1) Eine Vektorkette von A nach G lautet:
$\overrightarrow{OG} = \overrightarrow{AG} = \overrightarrow{AB} + \overrightarrow{BC} + \overrightarrow{CG}$
Es gilt:

$$\overrightarrow{BC} = \overrightarrow{AD} = \begin{pmatrix} -8 \\ 6 \\ 0 \end{pmatrix}$$

$$\overrightarrow{CG} = \overrightarrow{AE} = \begin{pmatrix} 0 \\ 0 \\ 10 \end{pmatrix}$$

Daraus ergibt sich:

$$\overrightarrow{OG} = \overrightarrow{AB} + \overrightarrow{BC} + \overrightarrow{CG} = \begin{pmatrix} 3 \\ 4 \\ 0 \end{pmatrix} + \begin{pmatrix} -8 \\ 6 \\ 0 \end{pmatrix} + \begin{pmatrix} 0 \\ 0 \\ 10 \end{pmatrix} = \begin{pmatrix} -5 \\ 10 \\ 10 \end{pmatrix}$$

Die Koordinaten des Punktes G lauten: $G(-5\,|\,10\,|\,10)$.

(2) $\overrightarrow{AB} = \begin{pmatrix} 3 \\ 4 \\ 0 \end{pmatrix}$; $\overrightarrow{AD} = \begin{pmatrix} -8 \\ 6 \\ 0 \end{pmatrix}$

Die beiden Vektoren sind genau dann orthogonal, wenn das Skalarprodukt null ist.

$\overrightarrow{AB} \circ \overrightarrow{AD} = 3 \cdot (-8) + 4 \cdot 6 + 0 \cdot 0 = 0$

Die Kante $\overline{AB}$ verläuft senkrecht zur Kante $\overline{AD}$.

(3) Für das Volumen des Quaders gilt:

$$\begin{aligned} V &= |\overrightarrow{AB}| \cdot |\overrightarrow{AD}| \cdot |\overrightarrow{AE}| \\ &= \left|\begin{pmatrix} 3 \\ 4 \\ 0 \end{pmatrix}\right| \cdot \left|\begin{pmatrix} -8 \\ 6 \\ 0 \end{pmatrix}\right| \cdot \left|\begin{pmatrix} 0 \\ 0 \\ 10 \end{pmatrix}\right| \\ &= \sqrt{3^2 + 4^2} \cdot \sqrt{(-8)^2 + 6^2} \cdot \sqrt{10^2} \\ &= 5 \cdot 10 \cdot 10 \\ &= 500 \end{aligned}$$

Das Volumen des Quaders beträgt 500 VE.

d) (1) Es handelt sich um eine Binomialverteilung mit der Versuchsanzahl $n = 7$ und der Trefferwahrscheinlichkeit $p = 0{,}1$. Die Zufallsgröße X gibt an, wie viele Personen einen Gewinn erhalten. Der Term gibt die Wahrscheinlichkeit $P(X \leq 1)$ an.
Im Sachzusammenhang wird damit die Wahrscheinlichkeit dafür bestimmt, dass von 7 teilnehmenden Personen höchstens eine einen Gewinn erhält.

(2) Es wird die Wahrscheinlichkeit $P(X = 4)$ gesucht, wobei X die Personen mit Gewinn beschreibt. Die Zufallsgröße X ist binomialverteilt mit $n = 20$ und $p = 0{,}1$. Damit ergibt sich:

$$P(X = 4) = \binom{20}{4} \cdot 0{,}1^4 \cdot 0{,}9^{16}$$

(3) Es handelt sich um eine Binomialverteilung mit $n = 2$ (zwei teilnehmende Personen). Die Trefferwahrscheinlichkeit p muss bestimmt werden, um die Anzahl der Sektoren auf dem Glücksrad zu ermitteln.

$$P(X = 0) = \binom{2}{0} \cdot p^0 \cdot (1 - p)^2 = (1 - p)^2$$

Da nach Vorgabe $P(X=0)=\frac{4}{9}$ gilt, folgt:

$$(1-p)^2=\frac{4}{9} \quad \Leftrightarrow \quad 1-p=\frac{2}{3} \text{ oder } 1-p=-\frac{2}{3} \quad \Leftrightarrow \quad p=\frac{1}{3} \text{ oder } p=\frac{5}{3}$$

Da für p gilt: $0 \leq p \leq 1$, folgt daraus: $p=\frac{1}{3}$

Das Glücksrad hat demnach z. B. drei gleich große Sektoren, von denen eines das Gewinnfeld ist.

Es gibt unendlich viele Lösungen. Eine weitere Lösung ist z. B., dass das Glücksrad aus sechs gleich großen Sektoren besteht, von denen zwei Gewinnfelder sind.

Abiturprüfung 2020 Mathematik Grundkurs (Nordrhein-Westfalen)
Prüfungsteil B – Analysis B1 (GTR)

Flüsse treten manchmal über ihre Ufer. Zur Vermeidung solcher Überschwemmungen werden große Wasserbecken eingesetzt, sogenannte Rückhaltebecken. Droht eine Überschwemmung, so wird ein Teil des Flusswassers in das Rückhaltebecken geleitet. Dort wird das Wasser zunächst zurückgehalten und später kontrolliert in den Fluss geleitet.
Im Folgenden soll zunächst der Zufluss in und anschließend der Abfluss des Wassers aus einem Rückhaltebecken betrachtet werden.
Zur Modellierung der momentanen **Zuflussrate,** mit der das Wasser des Flusses während eines Beobachtungszeitraumes von 40 Stunden in das Rückhaltebecken fließt, wird für $0 \leq t \leq 40$ die Funktion f mit der Gleichung

$$f(t) = 7\,200 \cdot t^2 \cdot e^{-0{,}25 \cdot t}, \text{ mit } t \in \mathbb{R},$$

verwendet. Dabei ist t die Zeit seit Beobachtungsbeginn in Stunden und f(t) die momentane Zuflussrate in m^3 Wasser pro Stunde.

In der folgenden Abbildung 1 ist der Graph von f im Intervall [0; 40] dargestellt.

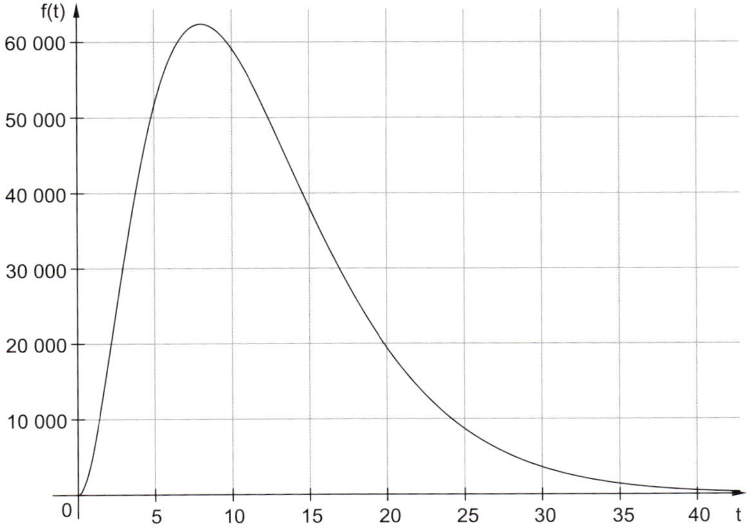

Abbildung 1

Punkte

a) (1) Geben Sie den Funktionswert von f an der Stelle $t = 20$ an und interpretieren Sie diesen Wert im Sachzusammenhang. 3

(2) Zeigen Sie: $f'(t) = 7\,200 \cdot (-0{,}25 \cdot t^2 + 2 \cdot t) \cdot e^{-0{,}25 \cdot t}$. 3

(3) Weisen Sie rechnerisch nach, dass die momentane Zuflussrate im Modell 8 Stunden nach Beobachtungsbeginn maximal ist, und geben Sie die maximale momentane Zuflussrate an. 7

b) Ermitteln Sie, wie viel Wasser im Beobachtungszeitraum von 40 Stunden in das Rückhaltebecken fließt. 4

c) Die momentane **Abflussrate** vom Rückhaltebecken in den Fluss im Beobachtungszeitraum wird für $0 \leq t \leq 40$ durch die Funktion g mit der Gleichung

$g(t) = 540 \cdot t^3 \cdot e^{-0{,}25 \cdot t}$, mit $t \in \mathbb{R}$,

modelliert. Dabei ist g(t) die momentane Abflussrate in m^3 Wasser pro Stunde. Ohne Nachweis darf verwendet werden:

$g'(t) = -135 \cdot (t^3 - 12 \cdot t^2) \cdot e^{-0{,}25 \cdot t}$.

(1) Bestimmen Sie den Zeitpunkt im Beobachtungszeitraum, zu dem die momentane Abflussrate am stärksten zunimmt. 5

(2) Bestimmen Sie den Zeitpunkt, bis zu dem seit Beobachtungsbeginn 50 000 m^3 Wasser aus dem Becken fließen. 4

d) Der Graph von f und der Graph von g sind in der Abbildung 2 dargestellt.

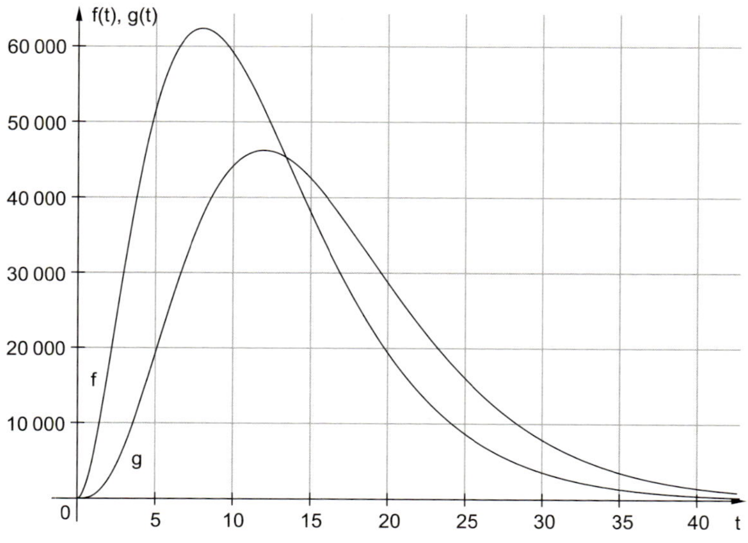

Abbildung 2

Die Funktion d ist durch die Gleichung $d(t)=f(t)-g(t)$ gegeben.

(1) Geben Sie $d(10)$ und $d(20)$ an und interpretieren Sie die beiden Werte im Sachzusammenhang. 5

(2) Ermitteln Sie anhand von Abbildung 2 näherungsweise den Zeitpunkt im Beobachtungszeitraum, bis zu dem die Wassermenge im Rückhaltebecken zunimmt, und begründen Sie Ihr Vorgehen. 4

(3) Bestimmen Sie $\int_0^{40} d(t)\,dt$ und interpretieren Sie das Ergebnis im Sachzusammenhang. 5

Hinweise und Tipps

Teilaufgabe a

(1) Benutzen Sie den Funktionsterm zur Berechnung.

(2) Wenden Sie die Produkt- und Kettenregel an.

(3) Die notwendige Bedingung für eine Extremstelle ist $f'(t)=0$.

Ein Produkt wird 0, wenn wenigstens ein Faktor 0 wird.

Die hinreichende Bedingung für eine Maximumstelle ist $f'(t)=0$ und $f'(t)$ hat an der möglichen Maximumstelle einen +/– Vorzeichenwechsel.

Oder

Die hinreichende Bedingung für eine Maximumstelle ist $f'(t)=0$ und $f''(t)<0$.

Untersuchen Sie die Funktion auf Randmaxima.

Denken Sie daran, das Maximum anzugeben.

Teilaufgabe b

Denken Sie daran, dass die Funktion f(t) die Zuflussrate in m^3 je Stunde angibt.

Achten Sie darauf, dass der Beobachtungszeitraum eingeschränkt ist.

Berechnen Sie das bestimmte Integral.

Teilaufgabe c

(1) Die momentane Abflussrate nimmt zu dem Zeitpunkt am stärksten zu, in dem die Funktion g'(t) ihr Maximum annimmt.

Denken Sie daran, dass der Operator „bestimmen“ eine grafische Lösung zulässt.

Bestimmen Sie grafisch das Maximum.

Untersuchen Sie, ob es ein Randmaximum gibt.

Oder

Die notwendige Bedingung für eine Extremstelle ist $g''(t)=0$.

Die hinreichende Bedingung für eine Maximumstelle ist $g''(t)=0$ und $g'''(t)<0$.

(2) Das bestimmte Integral über der Funktion g(t) im Intervall [0; z] gibt die Wassermenge an, die vom Beobachtungsbeginn bis zum Zeitpunkt $t=z$ in das Rückhaltebecken geflossen ist.

Setzen Sie den Wert des Integrals mit der vorgegebenen Wassermenge gleich und lösen Sie die Gleichung mit dem GTR.

Achten Sie auf den Definitionsbereich.

Teilaufgabe d

(1) Die Funktion d(t) ist die Differenzfunktion der Funktionen f(t) und g(t). Sie gibt somit die Zuwachs-/die Abnahmerate der Wassermenge in m^3 je Stunde im Rückhaltebecken an.

Denken Sie daran, dass die Werte im Sachzusammenhang zu erklären sind.

(2) Welche Bedeutung hat es, wenn der Graph der Funktion f oberhalb des Graphen der Funktion g verläuft?

(3) Berechnen Sie das bestimmte Integral.

Achten Sie darauf, dass Folgendes gilt:

$$\int_0^{40} d(t)\,dt = \int_0^{40} (f(t) - g(t))\,dt = \int_0^{40} f(t)\,dt - \int_0^{40} g(t)\,dt$$

Die Integrale über f(t) bzw. g(t) geben die zugeflossene bzw. abgeflossene Menge an.

Lösung

a) (1) Durch Einsetzen von t = 20 in den Funktionsterm erhält man:

$f(20) = 7\,200 \cdot 20^2 \cdot e^{-0,25 \cdot 20} \approx 19\,405$

$f(t):=7200\cdot t^2\cdot e^{-0.25\cdot t}\vert 0\le t\le 40$	Fertig
$f(20)$	19405.3

20 Stunden nach Beginn der Beobachtung beträgt die Zuflussrate etwa 19 405 m^3 pro Stunde.

(2) Durch Anwenden der Produkt- und Kettenregel erhält man:

$$f'(t) = 7\,200 \cdot 2t \cdot e^{-0,25t} + 7\,200 \cdot t^2 \cdot (-0,25) \cdot e^{-0,25t}$$
$$= 7\,200 \cdot (2t - 0,25t^2) \cdot e^{-0,25t}$$
$$= 7\,200 \cdot (-0,25t^2 + 2t) \cdot e^{-0,25t}$$

(3) Die notwendige Bedingung für eine Extremstelle ist $f'(t) = 0$.

$$f'(t) = 0$$
$$7\,200 \cdot (-0,25t^2 + 2t) \cdot e^{-0,25t} = 0 \qquad \vert : 7\,200 \cdot e^{-0,25t}$$
$$-0,25t^2 + 2t = 0$$
$$t \cdot (-0,25t + 2) = 0$$

Ein Produkt wird 0, wenn wenigstens ein Faktor 0 wird.

$t = 0 \;\vee\; -0,25t + 2 = 0$

$t = 0 \;\vee\; t = 8$

$a1f(t):=7200\cdot(-0.25\cdot t^2+2\cdot t)\cdot e^{-0.25\cdot t}$	Fertig
nSolve(a1f(t)=0,t)	0.
nSolve(a1f(t)=0,t)|t>0	8.

Die hinreichende Bedingung für eine Maximumstelle ist $f'(t) = 0$ und $f'(t)$ hat an der möglichen Maximumstelle einen +/– Vorzeichenwechsel.

	7 200 t	– 0,25t + 2	$e^{-0,25t}$	f '(t)
0 < t < 8	+	+	+	+
8 < t < 40	+	–	+	–

An der Stelle t = 8 befindet sich ein lokales/relatives Maximum.

Alternativ (mithilfe der 2. Ableitung):
Die hinreichende Bedingung für eine Maximumstelle ist $f'(t) = 0$ und $f''(t) < 0$.
$f''(8) \approx -1\,949 < 0$

$a2f(t):=\frac{d}{dt}(a1f(t))$	Fertig
$a2f(8)$	-1948.83

Das lokale Maximum erhält man durch Einsetzen von t = 8 in den Funktionsterm:

$f(8) = 7\,200 \cdot 8^2 \cdot e^{-0,25 \cdot 8} \approx 62\,363$

Untersuchung auf Randextrema:

$f(0) = 7\,200 \cdot 0^2 \cdot e^{-0{,}25 \cdot 0} = 0$

$f(40) = 7\,200 \cdot 40^2 \cdot e^{-0{,}25 \cdot 40} \approx 523$

$f(8)$	62362.5
$f(0)$	0.
$f(40)$	523.007

Das lokale Maximum ist also auch das absolute Maximum. Es liegt zum Zeitpunkt $t = 8$ mit ca. 62 363 m³ pro Stunde vor.

b) $\int_0^{40} f(t)\,dt = 919\,048$

$\int_0^{40} f(t)\,dt$	919048.

Im Beobachtungszeitraum fließen ca. 920 000 m³ Wasser in das Rückhaltebecken.

c) (1) Die momentane Abflussrate nimmt zu dem Zeitpunkt am stärksten zu, in dem die Funktion g'(t) ihr Maximum annimmt.

Der Operator „bestimmen“ lässt eine grafische Lösung zu.

Die Funktion g'(t) wird im GTR definiert und gezeichnet.

$a1g(t):=-135\cdot(t^3-12\cdot t^2)\cdot e^{-0.25\cdot t}$	*Fertig*

Ein lokales/relatives Maximum liegt ca. 5,07 Stunden nach Beobachtungsbeginn vor. Ein Vergleich mit den Randwerten zeigt, dass das lokale/relative Maximum zugleich das globale/absolute Maximum ist.

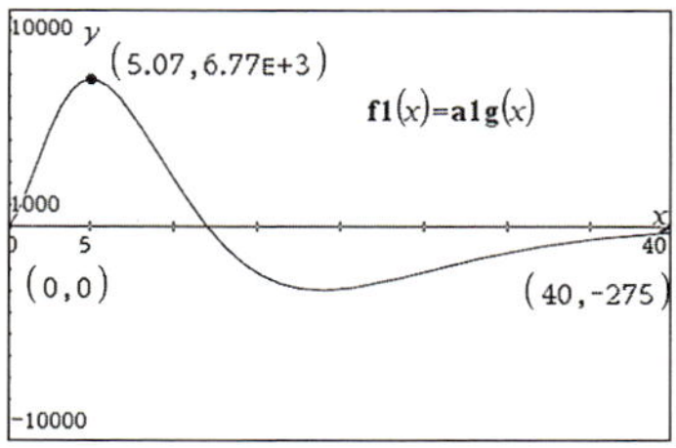

Alternativ (rechnerische Lösung):
Die notwendige Bedingung für eine Extremstelle ist $g''(t) = 0$.
Die notwendige Bedingung ist erfüllt für $t_1 \approx 5{,}07$ und $t_2 \approx 18{,}93$.

$a2g(t):=\frac{d}{dt}(a1g(t))$	*Fertig*
nSolve$(a2g(t)=0,t)\|t>0$	5.0718
nSolve$(a2g(t)=0,t)\|t>6$	18.9282

Die hinreichende Bedingung für eine Maximumstelle ist $g''(t) = 0$ und $g'''(t) < 0$.

Zum Zeitpunkt $t_1 = 5{,}07$ liegt ein lokales/relatives Maximum vor.

Ein Vergleich mit den Randwerten zeigt, dass dieses Maximum auch das globale/absolute Maximum ist.

$a3g(t):=\frac{d^2}{dt^2}(a1g(t))$	*Fertig*
$a3g(5.0718)$	-667.456
$a3g(18.9282)$	77.9705
$a1g(0)$	0.
$a1g(40)$	-274.579

(2) Das bestimmte Integral über der Funktion g(t) im Intervall [0; z] gibt die Wassermenge an, die vom Beobachtungsbeginn bis zum Zeitpunkt t = z in das Rückhaltebecken geflossen ist.
Gleichsetzen des bestimmten Integrals mit 50 000 und Lösen mit dem GTR ergibt:

$$\int_0^z g(t)\,dt = 50\,000 \quad \Rightarrow \quad t \approx 5{,}83$$

$g(t):=540\cdot t^3\cdot e^{-0.25\cdot t}$	*Fertig*
$\text{nSolve}\left(\int_0^z g(t)\,dt=50000,z\right)$	-3.6462
$\text{nSolve}\left(\int_0^z g(t)\,dt=50000,z\right)\vert z>0$	5.82532

(Der Zeitpunkt t ≈ –3,65 liegt nicht im Definitionsbereich).

Zum ungefähren Zeitpunkt t = 5,83 sind 50 000 m^3 Wasser aus dem Rückhaltebecken geflossen.

d) (1) Die Funktion d(t) ist die Differenzfunktion der Funktionen f(t) und g(t). Sie gibt somit die Zuwachs-/die Abnahmerate der Wassermenge in m^3 je Stunde im Rückhaltebecken an.

$d(t):=f(t)-g(t)$	*Fertig*
$d(10)$	14775.3
$d(20)$	-9702.64

10 Stunden nach Beobachtungsbeginn nimmt die Wassermenge unter Berücksichtigung von Zu- und Abfluss mit einer Rate von ca. 14 775 m^3 je Stunde zu.
20 Stunden nach Beobachtungsbeginn nimmt die Wassermenge unter Berücksichtigung von Zu- und Abfluss mit einer Rate von ca. 9 703 m^3 je Stunde ab.

(2) Bis zum Zeitpunkt t = 13 verläuft der Graph der Zuflussfunktion oberhalb des Graphen der Abflussfunktion. Die Wassermenge im Rückhaltebecken nimmt somit zu. Daher ist ungefähr zum Zeitpunkt t = 13 die Wassermenge im Rückhaltebecken maximal.

(3) Es gilt:

$$\int_0^{40} d(t)\,dt \approx 98\,181$$

$\int_0^{40} d(t)\,dt$	98180.9

Die Funktion d(t) beschreibt die Differenz der Zufluss- und der Abflussrate.
Das Integral über d(t) gibt die Wassermenge an, die in dem Zeitraum zu- oder abgeflossen ist.
Am Ende des Beobachtungszeitraums befinden sich ca. 98 181 m^3 mehr Wasser im Rückhaltebecken als am Anfang des Beobachtungszeitraums.

Abiturprüfung 2020 Mathematik Grundkurs (Nordrhein-Westfalen)
Prüfungsteil B – Analysis B2 (CAS)

Das Jagdverhalten von Raubkatzen in der freien Wildbahn ist gekennzeichnet durch eine hohe Anfangsbeschleunigung. Darauf folgt eine kurze Phase mit annähernd konstanter Geschwindigkeit, bevor die Geschwindigkeit wieder abfällt.
Die Geschwindigkeit eines Tigers bei einem Jagdvorgang aus der Ruheposition heraus wird für $0 \leq t \leq 10$ zunächst ohne Berücksichtigung der Phase mit konstanter Geschwindigkeit modelliert. Dazu wird für $0 \leq t \leq 10$ die Funktion f mit

$$f(t) = 0{,}0808 \cdot t^3 - 1{,}71 \cdot t^2 + 10{,}08 \cdot t, \quad t \in \mathbb{R}$$

verwendet. Dabei gibt t die Zeit seit Verlassen der Ruheposition in Sekunden und f(t) die Geschwindigkeit in $\frac{m}{s}$ an.

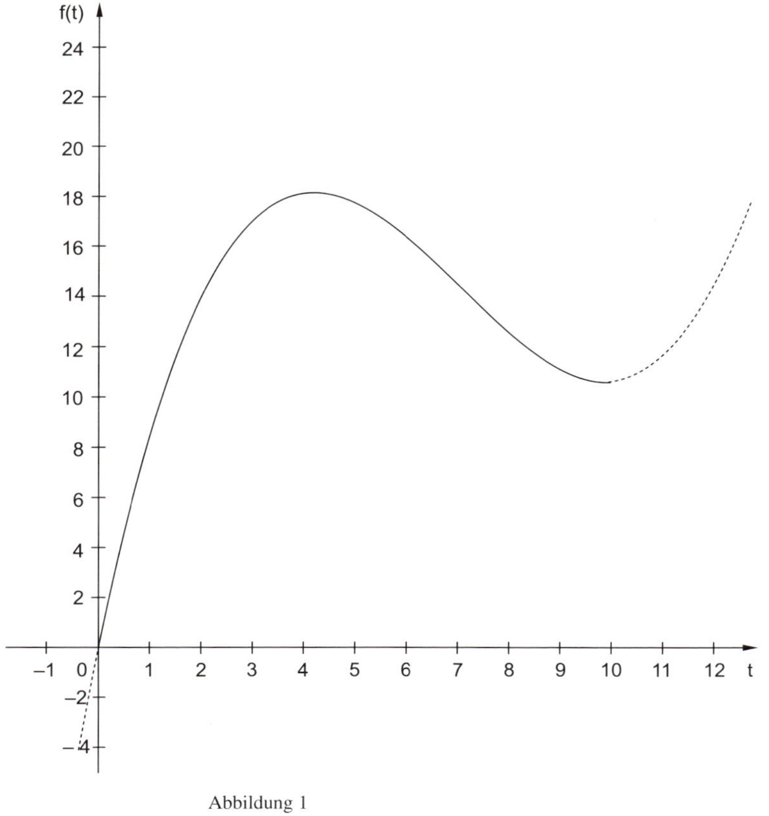

Abbildung 1

Punkte

a) (1) Geben Sie den Funktionswert von f für $t=5$ an und interpretieren Sie diesen Wert im Sachzusammenhang. 3

(2) Weisen Sie rechnerisch nach, dass der Tiger seine Maximalgeschwindigkeit von ca. $18{,}2\,\frac{m}{s}$ ungefähr 4,2 Sekunden nach Verlassen der Ruheposition erreicht, und geben Sie die Maximalgeschwindigkeit in $\frac{km}{h}$ an. 7

(3) Ermitteln Sie das Zeitintervall, in dem die Geschwindigkeit des Tigers mindestens $15\,\frac{m}{s}$ beträgt. 4

b) (1) Erläutern Sie die Bedeutung der ersten Ableitung von f im Sachzusammenhang. 2

(2) Ermitteln Sie den Zeitpunkt, zu dem die Geschwindigkeit am stärksten abnimmt, auf zwei Nachkommastellen genau. 4

c) Bestimmen Sie $\int_0^{10} f(t)\,dt$ und erläutern Sie die Bedeutung dieses Wertes im Sachzusammenhang. 4

d) Nehmen Sie an, dass der Tiger zunächst seine Maximalgeschwindigkeit gemäß dem Modell von Seite 1 erreicht (Phase 1). Nach Erreichen seiner Maximalgeschwindigkeit behält er diese noch 5 s lang bei (Phase 2). Anschließend verringert sich seine Geschwindigkeit gemäß einem neuen Modell (Phase 3). Dieses entspricht bis auf eine zeitliche Verschiebung dem Modell von Seite 1 (vgl. Abbildung 2). Ab $t=15$ läuft er mit konstanter Geschwindigkeit weiter (Phase 4). Im Folgenden werden die ersten 15 s (Phase 1 bis 3) dieses Ablaufs betrachtet.

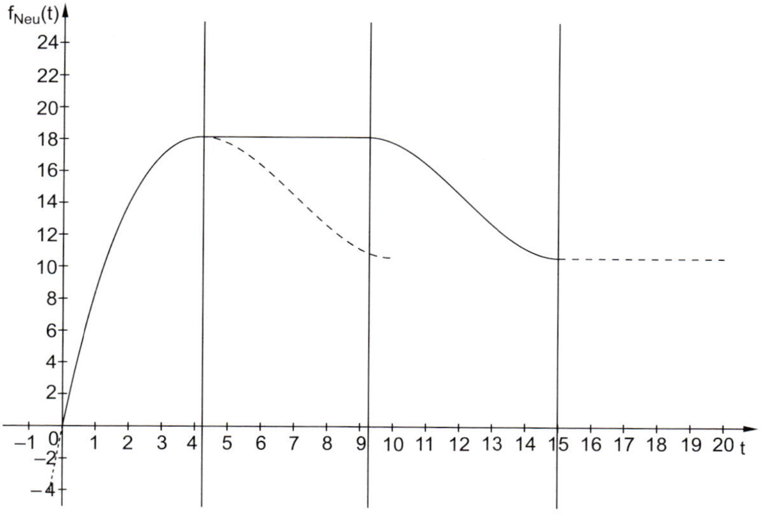

Abbildung 2

(1) Geben Sie für die Phasen 2 und 3 jeweils einen Funktionsterm an. [*Hinweis:* Der Term für Phase 3 muss nicht vereinfacht werden.] 4

(2) Prüfen Sie, ob nach 15 s ein knickfreier Übergang zu einer konstanten Funktion, welche die Geschwindigkeit in Phase 4 modelliert, möglich ist. 3

(3) Ermitteln Sie die Länge der Strecke, die der Tiger in diesen ersten 15 s zurücklegt, und geben Sie die Durchschnittsgeschwindigkeit in diesem Zeitintervall an. 5

e) Für eine andere Raubkatze wird ein Modell gesucht, bei dem die Höchstgeschwindigkeit 6 s nach dem Verlassen der Ruhelage erreicht wird und $20\,\frac{m}{s}$ beträgt. Dieses Modell soll durch die Funktion g mit $g(t) = r \cdot f(s \cdot t)$ mit $r, s \in \mathbb{R}$ beschrieben werden.
Ermitteln Sie geeignete Werte für die beiden Parameter r und s, sodass die Funktion g als Transformation der Funktion f die beschriebene Eigenschaft hat.
[Hinweis: Die neue Funktionsvorschrift muss nicht vereinfacht werden.] 4

Hinweise und Tipps

Teilaufgabe a

(1) Definieren Sie im CAS die Funktion f(t) und setzen Sie den Wert $t = 5$ ein.

(2) Beachten Sie, dass das absolute Maximum einer Funktion sowohl an den lokalen Extremstellen (Nullstellen der 1. Ableitung) als auch an den Randstellen angenommen werden kann.

Ermitteln Sie dazu die Nullstellen von f'(t) und berechnen Sie die Funktionswerte von f an diesen Nullstellen sowie an den Randstellen von [0; 10].

Durch Vergleich der Funktionswerte lässt sich dann die Stelle des absoluten Maximums ermitteln.

Sie benötigen den Umrechnungsfaktor von Stunden in Sekunden und von Metern in Kilometer.

(3) Es gilt: Die Geschwindigkeit beträgt mindestens $15\,\frac{\text{m}}{\text{s}}$, wenn $f(t) \geq 15$.

Das Intervall, in dem diese Ungleichung erfüllt ist, ergibt sich durch Lösung der Gleichung $f(t) = 15$.

Beachten Sie, dass es auch Lösungen außerhalb des vorgegebenen Zeitintervalls von [0; 10] geben kann. Diese Lösungen sind von der weiteren Untersuchung auszuschließen.

Teilaufgabe b

(1) Die Ableitungsfunktion f' gibt die momentane Änderungsrate einer Funktion f an. Überlegen Sie, worin die Änderung der Geschwindigkeit besteht.

(2) Der Zeitpunkt der stärksten Abnahme der Geschwindigkeit ist die Minimalstelle der Beschleunigungs-Zeit-Funktion, also von f'.

Teilaufgabe c

Verwenden Sie das CAS.

Teilaufgabe d

(1) In Phase 2 läuft der Tiger mit der konstanten Geschwindigkeit $18{,}2\left[\frac{\text{m}}{\text{s}}\right]$.

In Phase 3 bewegt sich der Tiger nach der gleichen Geschwindigkeit-Zeit-Funktion wie in Phase 1, allerdings mit einer Zeitverzögerung von 5 Sekunden. Statt t muss also als Argument $t-5$ verwendet werden.

(2) Für einen knickfreien Übergang müssen die links- und rechtsseitigen Tangentensteigungen an der Übergangsstelle übereinstimmen.

Bei einer konstanten Funktion beträgt die Steigung der Tangente 0.

(3) Die gesuchte Strecke ist der Änderungseffekt der Geschwindigkeits-Zeit-Funktion. Zu berechnen sind also die bestimmten Integrale über die drei durch die Phasen 1 bis 3 gegebenen Zeitintervalle.

Berechnen Sie die Durchschnittsgeschwindigkeit über die Formel $v = \frac{\text{Weg}}{\text{Zeit}}$.

Teilaufgabe e

Setzen Sie die bekannten Werte für die Extremstellen ein und ermitteln Sie so die gesuchten Werte für r und s.

Es sind zwei Transformationen auszuführen:
In x-Richtung: $4{,}2 \to 6$ bzw. $4{,}2 = s \cdot 6$
In y-Richtung: $18{,}2 \to 20$ bzw. $18{,}2 \cdot r = 20$

Lösung

a) $f(t) = 0{,}0808t^3 - 1{,}71t^2 + 10{,}08t$

$f(t) := 0.0808 \cdot t^3 - 1.71 \cdot t^2 + 10.08 \cdot t$	*Fertig*
$f(5)$	17.75

(1) $f(5) = 0{,}0808 \cdot 5^3 - 1{,}71 \cdot 5^2 + 10{,}08 \cdot 5$
$= 17{,}75$

5 s nach dem Start aus der Ruheposition heraus hat der Tiger eine Geschwindigkeit von $17{,}75 \frac{m}{s}$ erreicht.

(2) Es ist das absolute Maximum der Funktion f im betrachteten Intervall [0; 10] zu bestimmen. Dieses Maximum kann entweder an einer Nullstelle der Ableitungsfunktion (notwendige Bedingung für eine lokale Extremstelle) oder am Rand angenommen werden.

Die notwendige Bedingung für eine lokale Extremstelle lautet:

$f'(t) = 0 \quad \Leftrightarrow \quad t_1 \approx 4{,}19 \ \vee \ t_2 \approx 9{,}91$

$a1f(t) := \frac{d}{dt}(f(t))$	*Fertig*
solve($a1f(t)=0,t$)	$t=4.19418$ or $t=9.91473$

Zuzüglich der Randstellen $t_3 = 0$ und $t_4 = 10$ ergeben sich somit 4 Stellen, an denen die Funktion f ihr absolutes Maximum im Intervall [0; 10] annehmen kann. Durch Vergleich der Funktionswerte wird dann die Maximalstelle ermittelt:

$f(0) = 0$

$f(4{,}19) \approx 18{,}16$

$f(9{,}91) \approx 10{,}59$

$f(10) = 10{,}6$

$f(0)$	0.
$f(4.19)$	18.1579
$f(9.91)$	10.5949
$f(10)$	10.6

Der Tiger hat nach ca. 4,2 s seine Maximalgeschwindigkeit von ca. $18{,}2 \frac{m}{s}$ im Zeitintervall [0; 10] erreicht.

Umrechnung in $\frac{km}{h}$:

$1\,h \triangleq 60 \cdot 60\,s = 3\,600\,s$

$$18{,}2 \frac{m}{s} \triangleq \frac{18{,}2 \cdot 3\,600}{3\,600} \frac{m}{s} = 65\,520 \frac{m}{h} = 65{,}520 \frac{km}{h}$$

(3) Die Geschwindigkeit des Tigers beträgt mindestens $15 \frac{m}{s}$, wenn gilt:
$f(t) \geq 15$

Um diesen Bereich zu bestimmen, werden zunächst die Lösungen der folgenden Gleichung bestimmt.

$f(t) = 15 \quad \Leftrightarrow \quad t_{01} \approx 2{,}3$
$t_{02} \approx 6{,}7$
$t_{03} \approx 12{,}2$

solve($f(t)=15,t$)
$t=2.26572$ or $t=6.73873$ or $t=12.1589$

Der Wert t_{03} liegt außerhalb des zu betrachtenden Zeitrahmens. Somit kommt für den fraglichen Zeitraum das Zeitintervall $[t_{01}; t_{02}]$ in Betracht.

Der Testwert $t=5$ liefert mit $f(5)=17{,}75$ (siehe Teilaufgabe a(1)) einen Wert größer als 15. Berücksichtigt man zusätzlich den Verlauf des Graphen (siehe Aufgabenstellung), ergibt sich, dass der Tiger im Zeitintervall [2,3; 6,7] eine Geschwindigkeit von mindestens $15\,\frac{m}{s}$ hatte.

b) (1) Die Ableitungsfunktion f' gibt die momentane Änderungsrate einer Funktion f an. Im Sachzusammenhang gibt f'(t) die momentane Beschleunigung des Tigers nach t Sekunden seit Verlassen der Ruheposition an.

(2) Die Änderung der Geschwindigkeit f(t) wird gemäß (1) durch die Ableitungsfunktion f'(t) angegeben. Der Zeitpunkt der stärksten Abnahme ist somit die Minimalstelle von f'(t).

Notwendiges Kriterium:
$(f'(t))' = f''(t) = 0{,}4848t - 3{,}42 = 0$
$\Leftrightarrow \quad t_E \approx 7{,}05$
Hinreichendes Kriterium:
$f'''(t_E) = 0{,}4848 > 0 \quad \Rightarrow \quad$ Minimum
An der Stelle $t_E \approx 7{,}05$ [s] nimmt die Geschwindigkeit des Tigers am stärksten ab.

$a2f(t) := \frac{d}{dt}(a1f(t))$	*Fertig*
solve$(a2f(t)=0, t)$	$t=7.05446$
$a3f(t) := \frac{d}{dt}(a2f(t))$	*Fertig*
$a3f(7.05)$	0.4848

c) $\int_0^{10} f(t)\,dt = 136$

$\int_0^{10} f(t)\,dt$	136.

Alternativ:
Es ist F mit $F(t) = 0{,}0202t^4 - 0{,}57t^3 + 5{,}04t^2$ eine Stammfunktion von f.
Dann gilt:

$$\int_0^{10} f(t)\,dt = F(10) - F(0) = 136$$

Die Stammfunktion F einer Funktion f gibt den Änderungseffekt von f an, hier konkret den zurückgelegten Weg des Tigers im Intervall [0; 10] von 136 m.

d) (1) In Phase 2 läuft der Tiger mit der konstanten Geschwindigkeit weiter, die er zum Zeitpunkt $t=4{,}2$ erreicht hat, also lautet der Term für Phase 2:
$f_2(t) = f(4{,}2) \approx 18{,}2$ (siehe Teilaufgabe a (2)) mit $4{,}2 \le t \le 9{,}2$

Der Term für Phase 3 entspricht dem Term für Phase 1 bis auf eine Zeitverzögerung von 5 s. Diese wird durch das Argument $t-5$ statt t zum Ausdruck gebracht. Somit lautet der gesuchte Term:
$f_3(t) = f(t-5)$ für $9{,}2 \le t \le 15$

(2) Ein knickfreier Übergang nach Phase 3 zu einer konstanten Funktion ist nur dann möglich, wenn die Tangente an den Graphen von f_3 im Punkt $(15 \mid f_3(15))$ eine Horizontale ist, also die Steigung 0 hat.

Es gilt:

$f_3'(15) = f'(15-5) = f'(10) = 0{,}12 > 0$

$a1f(10)$	0.12

Der Übergang ist also nicht völlig knickfrei.

(3) Die gesuchte Strecke ist der Änderungseffekt der Geschwindigkeits-Zeit-Funktion im betrachteten Intervall:

$$\int_0^{4,2} f(t)\,dt + \int_{4,2}^{9,2} 18{,}2\,dt + \int_{9,2}^{15} f(t-5)\,dt$$

$$= \int_0^{4,2} f(t)\,dt + \int_{9,2}^{15} f(t-5)\,dt + \left[18{,}2 \cdot t\right]_{4,2}^{9,2}$$

$$= \int_0^{4,2} f(t)\,dt + \int_{9,2-5}^{15-5} f(t)\,dt + 18{,}2 \cdot (9{,}2 - 4{,}2)$$

$$= \int_0^{4,2} f(t)\,dt + \int_{4,2}^{10} f(t)\,dt + 18{,}2 \cdot 5$$

$$= \int_0^{10} f(t)\,dt + 91 \quad \text{(siehe Teilaufgabe d (1))}$$

$= 136 + 91$

$= 227\,[\text{m}]$

Der Tiger legt insgesamt eine Strecke von 227 m zurück.

$\int_0^{4.2} f(t)\,dt + \int_{4.2}^{9.2} 18.2\,dt + \int_{9.2}^{15} f(t-5)\,dt$	227.

Die Durchschnittsgeschwindigkeit im Intervall [0; 15] beträgt:

$$\frac{227}{15}\,\frac{\text{m}}{\text{s}} \approx 15{,}13\,\frac{\text{m}}{\text{s}}$$

Die Umrechnung der Geschwindigkeit in $\frac{\text{km}}{\text{h}}$ ergibt:

$$15{,}13\,\frac{\text{m}}{\text{s}} = \frac{15{,}13 \cdot 3\,600}{3\,600}\,\frac{\text{m}}{\text{s}} = 54\,468\,\frac{\text{m}}{\text{h}} = 54{,}468\,\frac{\text{km}}{\text{h}}$$

e) Für die Funktion f gilt:
f hat an der Stelle $t \approx 4{,}2$ ein lokales Maximum mit $f(4{,}2) \approx 18{,}2$ (siehe Teilaufgabe a (2)).
Die neue Funktion g soll an der Stelle $t = 6$ ein lokales Maximum mit $g(6) = 20$ haben. Für die Funktion g mit $g(t) = r \cdot f(s \cdot t)$ soll also gelten:

$$g(6) = r \cdot f(s \cdot 6) = 20 \quad \Rightarrow \quad r = \frac{20}{f(s \cdot 6)}$$

Es sind zwei Transformationen durchzuführen:
In x-Richtung: $4{,}2 \to 6$

$$4{,}2 = s \cdot 6 \quad \Leftrightarrow \quad s = \frac{4{,}2}{6} = 0{,}7$$

In y-Richtung: $18{,}2 \to 20$

$$18{,}2 \cdot r = 20 \quad \Leftrightarrow \quad r = \frac{20}{f(s \cdot 6)} = \frac{20}{f(4{,}2)} = \frac{20}{18{,}2} \approx 1{,}1$$

Die gesuchte Funktion lautet also:
$g(t) = 1{,}1 \cdot f(0{,}7 \cdot t)$

Abiturprüfung 2020 Mathematik Grundkurs (Nordrhein-Westfalen)
Prüfungsteil B – Vektorielle Geometrie B3 (GTR/CAS)

In Abbildung 1 ist ein regelmäßiges Tetraeder ABCD mit den Eckpunkten A(0 | 0 | 0), B(10 | 10 | 0), C(10 | 0 | 10) und D(0 | 10 | 10) in einem kartesischen Koordinatensystem abgebildet.

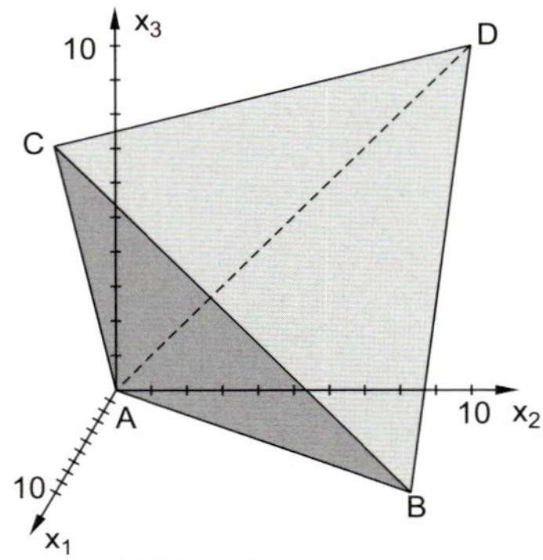

Abbildung 1

Punkte

a) (1) Geben Sie die Koordinaten des Mittelpunktes M von $\overline{AB}$ an. 2

(2) Zeigen Sie, dass das Dreieck ABC gleichseitig ist. 4

(3) Bestimmen Sie den Flächeninhalt des Dreiecks ABC und den Oberflächeninhalt des Tetraeders ABCD.
[Zur Kontrolle: $O_{\text{Tetraeder}} = 200 \cdot \sqrt{3}$ FE] 4

(4) Geben Sie die Koordinaten der Eckpunkte eines Würfels mit dem Volumen V = 1 000 VE an, der das Tetraeder enthält. 4

b) (1) E ist die Ebene, in der das Dreieck ABC liegt, und
$g: \vec{x} = \begin{pmatrix} 0 \\ 10 \\ 10 \end{pmatrix} + t \cdot \begin{pmatrix} 1 \\ -1 \\ -1 \end{pmatrix}$, $t \in \mathbb{R}$, ist eine Gerade, die durch den Punkt D verläuft.
Bestimmen Sie rechnerisch den Schnittpunkt P von g und E.
$\left[\text{Zur Kontrolle: } P\left(\frac{20}{3} \,\middle|\, \frac{10}{3} \,\middle|\, \frac{10}{3}\right)\right]$ 6

(2) Zeigen Sie, dass $\overrightarrow{DP}$ auf $\overrightarrow{AB}$ und $\overrightarrow{AC}$ senkrecht steht. 3

(3) Bestimmen Sie rechnerisch das Volumen des Tetraeders ABCD. 3

Das Tetraeder ABCD modelliert einen Körper mit Kanten aus Draht. Diesen Körper taucht man in Seifenlauge. Beim Herausnehmen bilden sich im Inneren des Körpers Flächen aus Seifenhaut (vgl. Abbildungen 2 und 3).

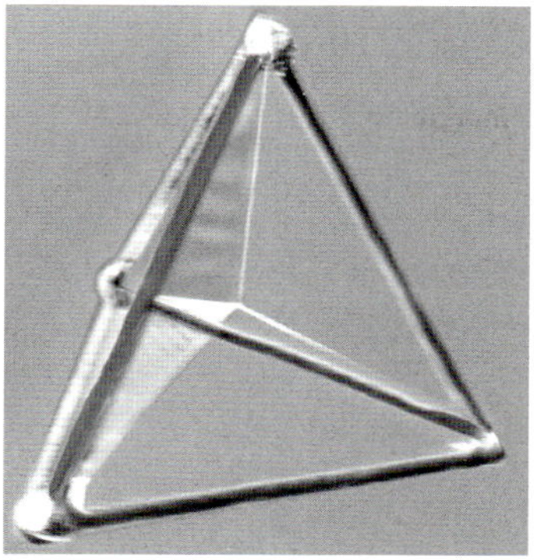

Abbildung 2

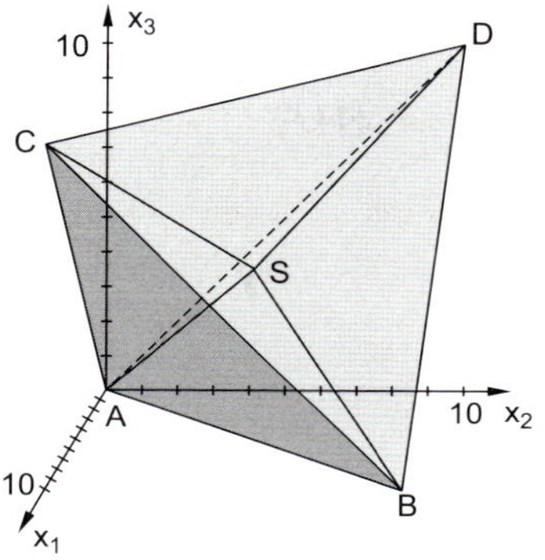

Abbildung 3

Die Seifenhaut besteht aus sechs kongruenten gleichschenkligen Dreiecken mit einem gemeinsamen Eckpunkt, der durch $S(5\,|\,5\,|\,5)$ modelliert wird. S liegt im Inneren des Tetraeders. Jedes dieser Dreiecke hat den Flächeninhalt $F = 25 \cdot \sqrt{2}$ FE.

c) (1) Bestimmen Sie, um wie viel Prozent der Gesamtflächeninhalt der Seifenhaut kleiner ist als der Oberflächeninhalt des Tetraeders. 3

(2) Berechnen Sie die Größe des Winkels zwischen $\overrightarrow{SB} = \begin{pmatrix} 5 \\ 5 \\ -5 \end{pmatrix}$ und $\overrightarrow{SD} = \begin{pmatrix} -5 \\ 5 \\ 5 \end{pmatrix}$. 3

(3) Weisen Sie rechnerisch nach, dass der Punkt S auf der Strecke $\overline{DP}$ liegt. 5

(4) Begründen Sie, dass das Volumen der Pyramide ABCS ein Viertel des Volumens des Tetraeders ABCD beträgt. 3

Hinweise und Tipps

Teilaufgabe a

(1) Für den Ortsvektor des Mittelpunktes einer Strecke $\overline{AB}$ gilt: $\vec{m}_{AB} = \frac{1}{2} \cdot (\vec{a} + \vec{b})$

(2) In einem gleichseitigen Dreieck sind alle Seiten gleich lang.

(3) Der Flächeninhalt eines gleichseitigen Dreiecks mit der Seitenlänge a kann berechnet werden durch die Formel $A = \frac{a^2}{4}\sqrt{3}$.

Denken Sie daran, dass Sie in Teilaufgabe a (2) die Seitenlänge berechnet haben.

Oder

Der Flächeninhalt eines Dreiecks mit der Grundseite g und der zugehörigen Höhe h kann berechnet werden durch die Formel $A = \frac{1}{2} \cdot g \cdot h$.

Im gleichseitigen Dreieck ist die Höhe gleich der Seitenhalbierenden.

Die Oberfläche des Tetraeders besteht aus 4 kongruenten gleichseitigen Dreiecken.

(4) Die Volumenformel für einen Würfel lautet: $V = a^3$

Berechnen Sie die Kantenlänge des Würfels und betrachten Sie die Koordinaten der Eckpunkte des Tetraeders.

Teilaufgabe b

(1) Stellen Sie die Dreipunkteform der Ebene E_{ABC} auf.

Setzen Sie die Ebenen- und Geradengleichung gleich und lösen Sie die entstehende Vektorgleichung.

Oder

Ein Normalenvektor der Ebene steht senkrecht zu den Spannvektoren der Ebene.

Bestimmen Sie einen Normalenvektor der Ebene mithilfe eines unterbestimmten Gleichungssystems.

Stellen Sie die Punkt-Normalenform auf und formen Sie diese um in die Koordinatenform.

Setzen Sie die Koordinatengleichungen der Geraden in die Koordinatenform der Ebenengleichung ein und lösen Sie die entstehende Gleichung.

(2) Zwei Vektoren stehen dann senkrecht aufeinander, wenn das Skalarprodukt der beiden Vektoren gleich null ist.

(3) Die Vektoren $\overrightarrow{AB}$ und $\overrightarrow{AC}$ sind Spannvektoren der Ebene E_{ABC}.

Welche Bedeutung hat dies für den Vektor $\overrightarrow{DP}$ bezüglich der Ebene E_{ABC}?

Berechnen Sie mithilfe des Vektors $\overrightarrow{DP}$ die Länge der Höhe des Tetraeders.

Das Volumen eines Tetraeders berechnet sich mit der Volumenformel einer Pyramide: $V = \frac{1}{3} \cdot G \cdot h$.

Teilaufgabe c

(1) Wählen Sie den Oberflächeninhalt des Tetraeders als Grundwert und das Sechsfache der Dreiecksfläche als verminderten Prozentwert.

(2) Der Winkel α zwischen zwei Vektoren $\vec{u}$ und $\vec{v}$ berechnet sich nach der Formel:

$$\cos(\alpha) = \frac{\vec{u} \circ \vec{v}}{|\vec{u}| \cdot |\vec{v}|}$$

(3) Der Punkt S liegt auf der Strecke $\overline{DP}$, wenn die Vektorgleichung $\vec{s} = \vec{d} + r \cdot \overrightarrow{DP}$ mit $0 \leq r \leq 1$ erfüllt ist.

(4) Beachten Sie, dass man bei der Pyramide und dem Tetraeder die gleiche Grundfläche wählen kann.

Welche Bedeutung hat das Teilungsverhältnis aus Teilaufgabe c (3) für die Höhen von Pyramide und Tetraeder?

Lösung

a) (1) Es gilt:

$$\vec{m} = \frac{1}{2}\cdot(\vec{a}+\vec{b}) = \frac{1}{2}\cdot\left[\begin{pmatrix}0\\0\\0\end{pmatrix}+\begin{pmatrix}10\\10\\0\end{pmatrix}\right] = \begin{pmatrix}5\\5\\0\end{pmatrix}$$

Der Mittelpunkt der Seite $\overline{AB}$ hat die Koordinaten M(5 | 5 | 5).

$a:=\begin{bmatrix}0\\0\\0\end{bmatrix}:b:=\begin{bmatrix}10\\10\\0\end{bmatrix}:c:=\begin{bmatrix}10\\0\\10\end{bmatrix}:d:=\begin{bmatrix}0\\10\\10\end{bmatrix}$	$\begin{bmatrix}0\\10\\10\end{bmatrix}$
$m:=\frac{1}{2}\cdot(a+b)$	$\begin{bmatrix}5\\5\\0\end{bmatrix}$

(2) In einem gleichseitigen Dreieck sind alle Seiten gleich lang.

Die Seiten des Dreiecks haben folgende Längen:

$$\overline{AB} = |\overrightarrow{AB}| = \left|\begin{pmatrix}10\\10\\0\end{pmatrix}\right| = \sqrt{100+100} = 10\sqrt{2}\ [\text{LE}]$$

$$\overline{AC} = |\overrightarrow{AC}| = \left|\begin{pmatrix}10\\0\\10\end{pmatrix}\right| = \sqrt{100+100} = 10\sqrt{2}\ [\text{LE}]$$

$$\overline{BC} = |\overrightarrow{BC}| = \left|\begin{pmatrix}10\\0\\10\end{pmatrix}-\begin{pmatrix}10\\10\\0\end{pmatrix}\right| = \left|\begin{pmatrix}0\\-10\\10\end{pmatrix}\right| = \sqrt{100+100} = 10\sqrt{2}\ [\text{LE}]$$

GTR

norm(a−b)	14.1421
norm(a−c)	14.1421
norm(b−c)	14.1421

CAS

norm(a−b)	$10\cdot\sqrt{2}$
norm(a−c)	$10\cdot\sqrt{2}$
norm(b−c)	$10\cdot\sqrt{2}$

Die Dreiecksseiten sind gleich lang, das Dreieck ist somit gleichseitig.

(3) Der Flächeninhalt eines gleichseitigen Dreiecks mit der Seitenlänge a kann berechnet werden durch folgende Formel:

$$A = \frac{a^2}{4}\sqrt{3}$$

Einsetzen der in Teilaufgabe a (2) berechneten Seitenlänge in die Formel ergibt:

$$A = \frac{(10\sqrt{2})^2}{4}\sqrt{3} = 50\sqrt{3} \approx 86{,}60\ [\text{FE}]$$

Alternativ:

Der Flächeninhalt eines Dreiecks mit der Grundseite g und der zugehörigen Höhe h kann berechnet werden durch die Formel $A = \frac{1}{2}\cdot g\cdot h$. Im gleichseitigen Dreieck ist die Höhe gleich der Seitenhalbierenden.

Ist $\overline{AB}$ die Grundseite, so ist $\overline{CM_{AB}}$ die zugehörige Höhe.

$$\overline{CM_{AB}} = |\overrightarrow{CM_{AB}}| = \left|\begin{pmatrix}5\\5\\0\end{pmatrix} - \begin{pmatrix}10\\0\\10\end{pmatrix}\right| = \left|\begin{pmatrix}-5\\5\\-10\end{pmatrix}\right| = \sqrt{150} = 5\sqrt{6}\,[\text{LE}]$$

Einsetzen der Längen in die Flächeninhaltsformel ergibt:

$$A = \frac{1}{2} \cdot 10\sqrt{2} \cdot 5\sqrt{6} = 25\sqrt{12} = 50\sqrt{3} \approx 86{,}60\,[\text{FE}]$$

Der Flächeninhalt des Dreiecks ABC beträgt $50\sqrt{3}$ Flächeneinheiten.

Die Oberfläche des Tetraeders besteht aus 4 kongruenten gleichseitigen Dreiecken.

$$O = 4 \cdot 50\sqrt{3} = 200\sqrt{3} \approx 346{,}41\,[\text{FE}]$$

Der Oberflächeninhalt des Tetraeders ABCD beträgt $200\sqrt{3}$ Flächeneinheiten.

(4) Die Volumenformel für einen Würfel lautet: $V = a^3$

Einsetzen des angegebenen Volumens in die Formel ergibt:

$a^3 = 1\,000 \quad \Leftrightarrow \quad a = 10$

Betrachtet man die Koordinaten der Eckpunkte, so sieht man, dass A und B in der x_1x_2-Koordinatenebene ($x_3 = 0$) liegen und die Eckpunkte der Diagonalen des Grundflächenquadrats eines Würfels mit der Kantenlänge 10 LE bilden. Die anderen Punkte des Grundflächenquadrats sind dann $W_2(10\,|\,0\,|\,0)$ und $W_4(0\,|\,10\,|\,0)$. In der Ebene $x_3 = 10$ liegen dann die Eckpunkte $W_5(0\,|\,0\,|\,10)$ und $W_7(10\,|\,10\,|\,10)$. Zudem ist $W_1 = A(0\,|\,0\,|\,0)$, $W_3 = B(10\,|\,10\,|\,0)$, $W_6 = C(10\,|\,0\,|\,10)$ und $W_8 = D(0\,|\,10\,|\,10)$.

Die nebenstehende Abbildung verdeutlicht den Sachverhalt, ist aber nicht verlangt.

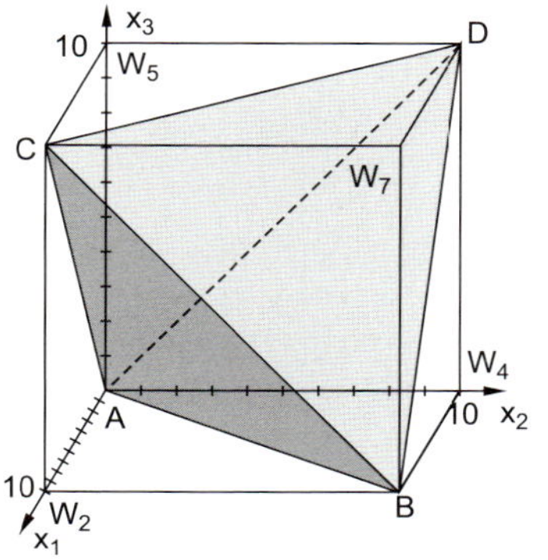

b) (1) Die Dreipunkteform der Ebene E_{ABC} mit A als Anbindungspunkt und den Vektoren $\overrightarrow{AB}$ sowie $\overrightarrow{AC}$ als Spannvektoren lautet:

$$E_{ABC}\colon\ \vec{x} = \begin{pmatrix}0\\0\\0\end{pmatrix} + r' \cdot \begin{pmatrix}10\\10\\0\end{pmatrix} + s' \cdot \begin{pmatrix}10\\0\\10\end{pmatrix} = r \cdot \begin{pmatrix}1\\1\\0\end{pmatrix} + s \cdot \begin{pmatrix}1\\0\\1\end{pmatrix};\ r', r, s', s \in \mathbb{R}$$

Gleichsetzen von Ebenen- und Geradengleichung ergibt die Vektorgleichung:

$$r \cdot \begin{pmatrix} 1 \\ 1 \\ 0 \end{pmatrix} + s \cdot \begin{pmatrix} 1 \\ 0 \\ 1 \end{pmatrix} = \begin{pmatrix} 0 \\ 10 \\ 10 \end{pmatrix} + t \cdot \begin{pmatrix} 1 \\ -1 \\ -1 \end{pmatrix}$$

Umschreiben in die Koordinatengleichungen und Umstellen der Gleichungen ergibt das folgende Gleichungssystem:

$$\begin{array}{ll} \text{I} & r + s - t = 0 \\ \text{II} & r + t = 10 \\ \text{III} & s + t = 10 \end{array}$$

$$\begin{array}{lll} \text{I} - \text{II} & s - 2t = -10 & (\text{I}') \\ \text{I}' - \text{III} & -3t = -20 & \\ & t = \frac{20}{3} & \end{array}$$

Einsetzen von $t = \frac{20}{3}$ in Gleichung II bzw. III ergibt:

$$r = s = \frac{10}{3}$$

Einsetzen von $t = \frac{20}{3}$ in die Geradengleichung g ergibt:

$$\vec{p} = \begin{pmatrix} 0 \\ 10 \\ 10 \end{pmatrix} + \frac{20}{3} \cdot \begin{pmatrix} 1 \\ -1 \\ -1 \end{pmatrix} = \begin{pmatrix} \frac{20}{3} \\ \frac{10}{3} \\ \frac{10}{3} \end{pmatrix}$$

Der Schnittpunkt hat die Koordinaten $P\left(\frac{20}{3} \,\middle|\, \frac{10}{3} \,\middle|\, \frac{10}{3}\right)$.

Der Operator „bestimmen Sie rechnerisch" lässt den Einsatz von GTR/CAS zu.

GTR

$$\text{linSolve}\left(\begin{cases} r+s=t \\ r=10-t \\ s=10-t \end{cases}, \{r,s,t\}\right) \qquad \left\{\frac{10}{3}, \frac{10}{3}, \frac{20}{3}\right\}$$

$$p := \begin{bmatrix} 0 \\ 10 \\ 10 \end{bmatrix} + \frac{20}{3} \cdot \begin{bmatrix} 1 \\ -1 \\ -1 \end{bmatrix} \qquad \begin{bmatrix} \frac{20}{3} \\ \frac{10}{3} \\ \frac{10}{3} \end{bmatrix}$$

CAS

$$e\_abc := a + r \cdot (b-a) + s \cdot (c-a) \qquad \begin{bmatrix} 10 \cdot r + 10 \cdot s \\ 10 \cdot r \\ 10 \cdot s \end{bmatrix}$$

$$g := \begin{bmatrix} 0 \\ 10 \\ 10 \end{bmatrix} + t \cdot \begin{bmatrix} 1 \\ -1 \\ -1 \end{bmatrix} \qquad \begin{bmatrix} t \\ 10-t \\ 10-t \end{bmatrix}$$

$$\text{solve}(e\_abc = g, t) \qquad t = \frac{20}{3} \text{ and } r = \frac{1}{3} \text{ and } s = \frac{1}{3}$$

$$p := g|t = \frac{20}{3} \qquad \begin{bmatrix} \frac{20}{3} \\ \frac{10}{3} \\ \frac{10}{3} \end{bmatrix}$$

Alternativ (die Normalenform der Ebenengleichung)

Ist $\vec{n} = \begin{pmatrix} n_1 \\ n_2 \\ n_3 \end{pmatrix}$ ein Normalenvektor der Ebene, so steht dieser senkrecht zu den Spannvektoren. Es gilt somit:

$$\text{I} \quad \begin{pmatrix} n_1 \\ n_2 \\ n_3 \end{pmatrix} \circ \begin{pmatrix} 1 \\ 1 \\ 0 \end{pmatrix} = 0 \quad \Leftrightarrow \quad n_1 + n_2 = 0$$

$$\text{II} \quad \begin{pmatrix} n_1 \\ n_2 \\ n_3 \end{pmatrix} \circ \begin{pmatrix} 1 \\ 0 \\ 1 \end{pmatrix} = 0 \quad \Leftrightarrow \quad n_1 + n_3 = 0$$

Wählt man $n_1 = -1$, so ist $n_2 = n_3 = 1$. Ein Normalenvektor lautet damit:

$$\vec{n} = \begin{pmatrix} -1 \\ 1 \\ 1 \end{pmatrix}$$

Mit dem Anbindungspunkt A und dem Normalenvektor $\vec{n} = \begin{pmatrix} -1 \\ 1 \\ 1 \end{pmatrix}$ erhält man die Punkt-Normalenform der Ebenengleichung der Ebene E_{ABC}:

$$E_{ABC}: \begin{pmatrix} -1 \\ 1 \\ 1 \end{pmatrix} \circ \vec{x} - \begin{pmatrix} -1 \\ 1 \\ 1 \end{pmatrix} \circ \begin{pmatrix} 0 \\ 0 \\ 0 \end{pmatrix} = 0$$

Ausmultiplizieren führt zur Koordinatenform:

$$E_{ABC}: -x_1 + x_2 + x_3 = 0$$

Durch Einsetzen der Koordinatengleichungen der Geraden g in die Koordinatenform der Ebenengleichung der Ebene E_{ABC} kann der Ortsvektor des Punktes P berechnet werden.

$$-t + (10 - t) + (10 - t) = 0$$
$$-3t = -20$$
$$t = \frac{20}{3}$$

Die Koordinaten erhält man wie oben.

(2) Zwei Vektoren stehen dann senkrecht aufeinander, wenn das Skalarprodukt der beiden Vektoren gleich null ist.

$$\overrightarrow{DP} \circ \overrightarrow{AB} = \begin{pmatrix} \frac{20}{3} \\ -\frac{20}{3} \\ -\frac{20}{3} \end{pmatrix} \circ \begin{pmatrix} 10 \\ 10 \\ 0 \end{pmatrix} = \frac{200}{3} - \frac{200}{3} = 0$$

dotP(b−a,p−d)	0
dotP(c−a,p−d)	0

$$\overrightarrow{DP} \circ \overrightarrow{AC} = \begin{pmatrix} \frac{20}{3} \\ -\frac{20}{3} \\ -\frac{20}{3} \end{pmatrix} \circ \begin{pmatrix} 10 \\ 0 \\ 10 \end{pmatrix} = \frac{200}{3} - \frac{200}{3} = 0$$

Der Vektor $\overrightarrow{DP}$ steht senkrecht auf den Vektoren $\overrightarrow{AB}$ und $\overrightarrow{AC}$.

(3) Die Vektoren $\overrightarrow{AB}$ und $\overrightarrow{AC}$ sind die Spannvektoren der Ebene E_{ABC}. Der Vektor $\overrightarrow{DP}$ steht nach Teilaufgabe b (2) senkrecht auf der Ebene E_{ABC}.

Nimmt man als Grundfläche G den in Teilaufgabe a (3) berechneten Flächeninhalt des Dreiecks ABC, so ist die Höhe h gleich dem Abstand des Punktes D von der Ebene E_{ABC}, bzw. da $\overrightarrow{DP}$ senkrecht zur Ebene steht, gleich der Länge des Vektors $\overrightarrow{DP}$.

Für die Länge der Höhe h erhält man dann:

$$h = |\overrightarrow{DP}| = \left|\begin{pmatrix} \frac{20}{3} \\ -\frac{20}{3} \\ -\frac{20}{3} \end{pmatrix}\right| = \frac{20}{3}\sqrt{3} \approx 11{,}55\,[\text{LE}]$$

Das Volumen eines Tetraeders berechnet sich mit der Volumenformel einer Pyramide: $V = \frac{1}{3} \cdot G \cdot h$.

Durch Einsetzen der Größen für G und h in die Volumenformel erhält man das Volumen:

$$V = \frac{1}{3} \cdot 50\sqrt{3} \cdot \frac{20}{3}\sqrt{3} = \frac{1\,000}{3} \approx 333{,}33\,[\text{VE}]$$

c) (1) Mit dem Oberflächeninhalt des Tetraeders als Grundwert und dem Sechsfachen der Dreiecksfläche als verminderter Prozentwert ergibt sich:

$$p = \frac{6 \cdot F}{O} = \frac{6 \cdot 25\sqrt{2}}{200\sqrt{3}} = \frac{3}{4} \cdot \sqrt{\frac{2}{3}} \approx 0{,}6124$$

Der Gesamtflächeninhalt der Seifenhaut ist ca. 38,8 % kleiner als die Oberfläche des Tetraeders.

(2) Der Winkel α zwischen zwei Vektoren berechnet sich nach folgender Formel:

$$\cos(\alpha) = \frac{\overrightarrow{SB} \circ \overrightarrow{SD}}{|\overrightarrow{SB}| \cdot |\overrightarrow{SD}|}$$

Damit gilt:

$$\cos(\alpha) = \frac{\left|\begin{pmatrix} 5 \\ 5 \\ -5 \end{pmatrix} \circ \begin{pmatrix} -5 \\ 5 \\ 5 \end{pmatrix}\right|}{\left|\begin{pmatrix} 5 \\ 5 \\ -5 \end{pmatrix}\right| \cdot \left|\begin{pmatrix} -5 \\ 5 \\ 5 \end{pmatrix}\right|} = \frac{-25+25-25}{\sqrt{75} \cdot \sqrt{75}} = \frac{-25}{75} = -\frac{1}{3}$$

$$\alpha = \cos^{-1}\left(-\frac{1}{3}\right) \approx 109{,}47°$$

Der Winkel zwischen den Vektoren hat eine Größe von ca. 109,47°.

(3) Der Punkt S liegt auf der Strecke $\overline{DP}$, wenn die Vektorgleichung $\vec{s} = \vec{d} + r \cdot \overrightarrow{DP}$ mit $0 \le r \le 1$ erfüllt ist.

$$\begin{pmatrix} 5 \\ 5 \\ 5 \end{pmatrix} = \begin{pmatrix} 0 \\ 10 \\ 10 \end{pmatrix} + r \cdot \begin{pmatrix} \frac{20}{3} \\ -\frac{20}{3} \\ -\frac{20}{3} \end{pmatrix} \iff \begin{pmatrix} 5 \\ -5 \\ -5 \end{pmatrix} = r \cdot \begin{pmatrix} \frac{20}{3} \\ -\frac{20}{3} \\ -\frac{20}{3} \end{pmatrix} \Rightarrow r = \frac{3}{4}$$

Die Gleichung ist erfüllt für $r = \frac{3}{4}$, der Punkt S liegt auf der Strecke $\overline{DP}$.

(4) Nach Teilaufgabe d (3) teilt der Punkt S die Strecke $\overline{DP}$ im Verhältnis 3 : 1; es ist damit $|\overline{PS}| = \frac{1}{4} \cdot |\overline{PD}|$ (und $|\overline{DS}| = \frac{3}{4} \cdot |\overline{PD}|$)

Wählt man als Grundfläche von Pyramide und Tetraeder das Dreieck ABC, so ist bei gleicher Grundfläche das Verhältnis der Volumina von Pyramide und Tetraeder gleich dem Verhältnis der Höhen. Es ist aber gerade:

$$|\overline{PS}| = \frac{1}{4} \cdot |\overline{PD}|$$

Das Volumen der Pyramide ABCS ist gleich ein Viertel des Volumens des Tetraeders ABCD.

Abiturprüfung 2020 Mathematik Grundkurs (Nordrhein-Westfalen)
Prüfungsteil B – Stochastik B5 (GTR/CAS)

Reisen mit dem Fernbus werden immer beliebter. Reiseanbieter werben mit günstigen Preisen und besonderem Komfort.

Punkte

a) Für eine Städtereise stellt ein Busunternehmen einen Fernbus mit 59 Plätzen bereit, die vor Reiseantritt gebucht und bezahlt werden. Im Mittel werden 95 % der Buchungen angetreten.

(1) Erläutern Sie, unter welcher Voraussetzung die Anzahl der angetretenen Buchungen bei einer Reise als binomialverteilt mit $p = 0{,}95$ angenommen werden kann. 3

(2) Die Anzahl der angetretenen Buchungen wird als binomialverteilt mit $p = 0{,}95$ vorausgesetzt. Für einen bestimmten Reisetermin sind genau 59 Buchungen vorgenommen worden.
Bestimmen Sie jeweils die Wahrscheinlichkeit für folgende Ereignisse:
E_1: Genau 59 Buchungen werden angetreten.
E_2: Mindestens 55 Buchungen werden angetreten.
E_3: Mehr als 6 Buchungen werden nicht angetreten. 9

(3) Obwohl Buchungen insgesamt mit einer Wahrscheinlichkeit von 5 % nicht angetreten werden, treten Reisende unter 50 Jahren eine Buchung deutlich häufiger nicht an als Reisende über 50 Jahren. [Reisende, die genau 50 Jahre alt sind, werden zur Gruppe der Reisenden über 50 Jahren gezählt.]
Die Wahrscheinlichkeit, dass eine Buchung nicht angetreten wird, betrage bei Reisenden unter 50 Jahren 6 %, bei Reisenden über 50 Jahren nur 2 %.

(i) Geben Sie auf den waagerechten Strichen die fehlenden Wahrscheinlichkeiten im folgenden Baumdiagramm an.

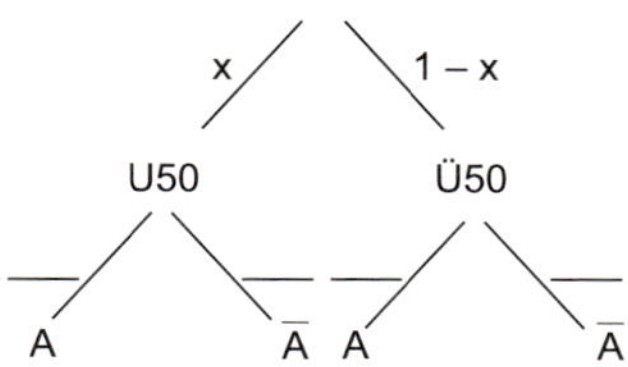

U50: Reisende unter 50 Jahren A: Antreten der Buchung
Ü50: Reisende über 50 Jahren $\overline{A}$: Nichtantreten der Buchung

(ii) Ein Reisender wird zufällig ausgewählt.
Ermitteln Sie die Wahrscheinlichkeit x, dass es sich um einen Reisenden unter 50 Jahren handelt.
[Kontrolllösung: $x = 0{,}75$]

(iii) Ermitteln Sie die Wahrscheinlichkeit, dass es sich bei der Buchung eines Reisenden, der die Buchung nicht antritt, um einen Reisenden unter 50 Jahren handelt. 8

b) Da erfahrungsgemäß nicht alle Buchungen angetreten werden, verkauft das Busunternehmen mehr Plätze, als vorhanden sind. Für eine Städtereise mit 96 Plätzen werden 99 Buchungen vorgenommen (Überbuchung). Vereinfachend wird wieder angenommen, dass die Anzahl der angetretenen Buchungen binomialverteilt mit $p = 0{,}95$ ist.

(1) Ermitteln Sie die Wahrscheinlichkeit, dass mindestens eine Person ihre Reise wegen Überbuchung nicht antreten kann. 3

Kann eine Person die Reise wegen Überbuchung nicht antreten, wird vom Busunternehmen der komplette Reisepreis von 20 Euro zurückerstattet. Als Entschädigung wird zusätzlich ein Betrag von 300 Euro ausgezahlt.

(2) Das Busunternehmen erfasst Werte zur Überbuchung in der folgenden Tabelle.
Ermitteln Sie die in der Tabelle fehlenden Werte.

Anzahl der Personen, die wegen Überbuchung nicht antreten können	1	2	3
Anzahl k der angetretenen Buchungen	97	98	99
$P_{99;\,0,95}(X = k)$	3%	11,6%	25,8%
Kosten für Erstattung und Entschädigung in €	320	640	960

5

(3) Beurteilen Sie, ob sich aus finanzieller Sicht die Praxis, 99 Buchungen für eine Reise mit 96 Plätzen zu bestätigen, für das Busunternehmen im Mittel lohnt. 4

c) In der Werbung eines anderen Busunternehmens werden bisher Kunden damit gewonnen, dass bis kurz vor Reiseantritt eine kostenlose Stornierung der Buchung möglich ist. Aktuell liegt der Anteil der kurzfristig stornierten Buchungen bei 7 %.
Das Busunternehmen ändert die Vertragsbedingungen dahingehend, dass bei kurzfristigen Stornierungen ein Teil des Fahrpreises gezahlt werden muss. Es geht davon aus, dass durch diese Maßnahme der Anteil der kurzfristig stornierten Buchungen sinkt.
Die nächsten 1 000 Buchungen sollen auf diese Wirkung hin untersucht werden. Die Anzahl der kurzfristig stornierten Buchungen wird als binomialverteilt angenommen.
Falls weniger als 55 Buchungen kurzfristig storniert werden, geht das Busunternehmen davon aus, dass die Maßnahme erfolgreich ist.

(1) Ermitteln Sie die Wahrscheinlichkeit, dass die Maßnahme als erfolgreich angesehen wird, obwohl sich der Anteil der Buchungen, die kurzfristig storniert werden, nicht verändert hat. 3

(2) Angenommen, die Maßnahme habe Erfolg gehabt und es gelte $p = 0{,}04$.
Bestimmen Sie für $n = 1\,000$ und $p = 0{,}04$ die Wahrscheinlichkeit $P_{1\,000;\,0{,}04}(X \geq 55)$ und erklären Sie deren Bedeutung im Sachkontext. 5

Hinweise und Tipps

Teilaufgabe a

(1) Gehen Sie davon aus, dass genau 59 Buchungen vorgenommen wurden.

Die Binomialverteilung ist eine diskrete Wahrscheinlichkeitsverteilung.

Zugrunde gelegt wird ein n-stufiger Bernoulli-Versuch mit genau zwei möglichen Ergebnissen von stets gleicher Wahrscheinlichkeit.

(2) Die Zufallsvariable X beschreibt die Anzahl der angetretenen Buchungen.

Dann sind folgende Berechnungen mittels GTR/CAS durchzuführen:

$P(E_1) = P(X = 59)$
$P(E_2) = P(X \geq 55)$

Überlegen Sie, wie viele Buchungen beim Ereignis E_3: „mehr als 6 Buchungen werden nicht angetreten" angetreten werden können.

Drücken Sie dies mit der Zufallsvariablen X durch eine Ungleichung aus und berechnen Sie deren Wahrscheinlichkeit mittels GTR/CAS.

(3) (i) Die zu ermittelnden Werte ergeben sich aus der Aufgabenstellung, da die Summen der Wahrscheinlichkeiten von A bzw. $\overline{A}$ sowohl für U50 als auch für Ü50 jeweils 1 sein müssen.

(ii) Stellen Sie mithilfe der Pfadregeln einen Term für die Wahrscheinlichkeit auf, dass eine Buchung nicht angetreten wird.

Da die Wahrscheinlichkeit, dass eine Buchung nicht angetreten wird, bekannt ist, erhalten Sie eine Gleichung, die Sie nach x auflösen können.

(iii) Hier ist die (bedingte) Wahrscheinlichkeit von U50 unter der Bedingung zu berechnen, dass die Reise nicht angetreten wird: $P_{\overline{A}}(U50)$.

Verwenden Sie die Formel von Bayes.

Teilaufgabe b

(1) Die Zufallsvariable X gibt die Anzahl der angetretenen Buchungen an. X ist binomialverteilt mit $n = 99$ und $p = 0{,}95$.

Die Ausgangssituation bei dieser Aufgabe ist, dass für eine Reise mit 96 Plätzen 99 Buchungen vorgenommen worden sind.

Drücken Sie die Tatsache, dass mindestens eine Person die Reise wegen Überbuchung nicht antreten kann, durch eine Ungleichung mit X aus und berechnen Sie deren Wahrscheinlichkeit.

(2) Ermitteln Sie mithilfe eines GTR/CAS die gesuchten Wahrscheinlichkeiten.

Die Kosten für die Erstattung und Entschädigung erhalten Sie durch Multiplikation mit der Anzahl der Personen, die wegen Überbuchung die Reise nicht antreten können.

(3) Ermitteln Sie die Kosten K, die dem Busunternehmen durch Überbuchung auf 99 Personen entstehen.

Diese setzen sich aus Erstattung und Entschädigung zusammen und sind für die Fälle $X = 97$, $X = 98$, $X = 99$ zu betrachten.

Stellen Sie diesen Kosten die Mehreinnahmen bei 3 Überbuchungen gegenüber.

Teilaufgabe c

(1) Die Zufallsvariable X gibt die Anzahl der Buchungen an, die kurzfristig storniert werden. X ist binomialverteilt mit $n = 1\,000$ und $p = 0{,}07$.

Berechnen Sie $P(X < 55)$.

(2) Berechnen Sie die Wahrscheinlichkeit für einen Fehler 1. Art: $P_{1\,000;\,0{,}04}(X \geq 55)$

Lösung

a) (1) Voraussetzung für die Anwendung der Binomialverteilung ist, dass für die Buchungen der Städtereisen die folgenden Bedingungen erfüllt sind:

- die Wahrscheinlichkeit p für den Antritt der Buchung ist bei jeder Buchung gleich (p = 0,95);
- jede Buchung wird unabhängig von den anderen Buchungen mit p = 0,95 angetreten;
- für jede Buchung gibt es nur zwei (verschiedene) Ergebnisse: „Buchung wird angetreten" bzw. „Buchung wird nicht angetreten" (Bernoulli-Versuch).

(2) Die Zufallsvariable X gibt die Anzahl der angetretenen Buchungen an. X ist binomialverteilt mit n = 59 und p = 0,95. Die zu ermittelnden Wahrscheinlichkeiten lassen sich mit einem GTR/CAS wie folgt berechnen.

binomPdf(59,0.95,59)	0.048495
1-binomCdf(59,0.95,0,54)	0.828133

E_1: Genau 59 Buchungen werden angetreten.
$P(E_1) = P_{59;\,0,95}(X = 59) \approx 0{,}0485$

E_2: Mindestens 55 Buchungen werden angetreten.
$P(E_2) = P_{59;\,0,95}(X \geq 55) = 1 - P_{59;\,0,95}(X \leq 54) \approx 0{,}8281$

E_3: Mehr als 6 Buchungen werden nicht angetreten.
Das bedeutet: 7, 8, 9, …, 57, 58, 59 Buchungen werden nicht angetreten bzw. 52, 51, 50, …, 2, 1, 0 Buchungen werden angetreten.

$P(E_3) = P_{59;\,0,95}(X \leq 52) \approx 0{,}0274$

binomCdf(59,0.95,52)	0.027372

Bei Ereignis E_3 spielt es eine Rolle, welches Wort betont wird.
Bei der obigen Lösung wird das Wort „nicht" betont (mehr als 6 Buchungen werden **nicht** angetreten).
Wenn das Wort „mehr" betont wird (**mehr** als 6 Buchungen werden nicht angetreten), ist damit gemeint, dass höchstens 6 Buchungen angetreten werden.

$P(E_3) = P_{59;\,0,95}(X \leq 6) \approx 0$

binomCdf(59,0.95,6)	3.69882E-62

(3) (i) Das folgende Baumdiagramm zeigt die gesuchten Wahrscheinlichkeiten.

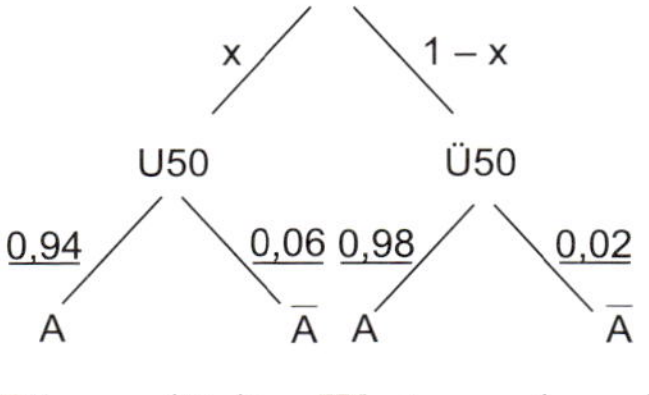

Die ermittelten Werte ergeben sich aus der Aufgabenstellung, da die Summe der Wahrscheinlichkeiten von angetretenen (A) und nicht angetretenen ($\overline{A}$) Buchungen jeweils 1 betragen muss.

(ii) x sei der Anteil der Reisenden unter 50 Jahren (U50), dann ist $(1-x)$ der Anteil an Reisenden über 50 Jahren (Ü50). Für die Anteile nicht angetretener Buchungen gilt dann:

$$x \cdot 0{,}06 + (1-x) \cdot 0{,}02 = 0{,}05$$
$$0{,}06x - 0{,}02x = 0{,}05 - 0{,}02$$
$$0{,}04x = 0{,}03$$
$$x = \frac{3}{4} = 0{,}75$$

Die Wahrscheinlichkeit, dass es sich um einen Reisenden unter 50 Jahren handelt, beträgt also 0,75.

(iii) Hier ist eine bedingte Wahrscheinlichkeit zu berechnen. Das gesuchte Ereignis ist U50 unter der Bedingung, dass die Reise nicht angetreten wird ($\overline{A}$). Diese Wahrscheinlichkeit ist gemäß des Satzes von Bayes:

$$P_{\overline{A}}(U50) = \frac{P(U50 \cap \overline{A})}{P(\overline{A})} = \frac{0{,}75 \cdot 0{,}06}{0{,}05} = 0{,}9$$

Folglich ist die Wahrscheinlichkeit, dass es sich bei einem Reisenden, der die Buchung nicht antritt, um einen Reisenden unter 50 Jahren handelt, 90 %.

Alternativ:
Die gesuchte Wahrscheinlichkeit lässt sich auch mithilfe des umgekehrten Baumdiagramms ermitteln:

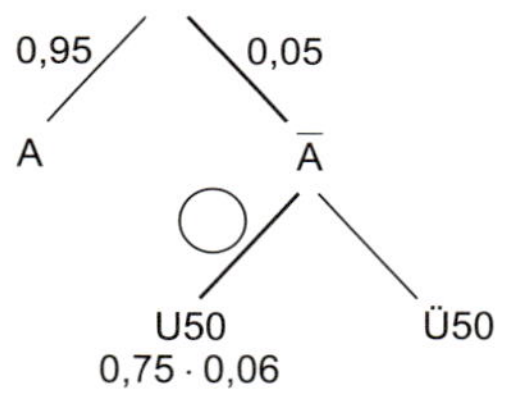

Von Interesse ist nur der fett gezeichnete Pfad. Die eingetragenen Wahrscheinlichkeiten ergeben sich aus dem Aufgabenkontext. Für die gesuchte Wahrscheinlichkeit $P_{\overline{A}}(U50)$ ergibt sich dann aufgrund der Multiplikationsregel:

$$P_{\overline{A}}(U50) = \frac{0{,}75 \cdot 0{,}06}{0{,}05} = 0{,}9$$

b) (1) Die Zufallsvariable X gibt wieder die Anzahl der angetretenen Buchungen an. X ist binomialverteilt mit n=99 und p=0,95.
Wenn mindestens eine Person ihre Reise wegen Überbuchung nicht antreten kann, dann müssen bei 96 zur Verfügung stehenden Plätzen mindestens 97 die Reise antreten wollen.

Es ist also die folgende Wahrscheinlichkeit mit dem GTR/CAS zu berechnen:

$P_{99;\,0,95}(97 \le X \le 99) \approx 0,1225$

```
binomCdf(99,0.95,97,99)          0.12245
```

(2) Mittels GTR/CAS ergeben sich die folgenden Werte:

$P_{99;\,0,95}(X=97) \approx 0,0837$
$P_{99;\,0,95}(X=98) \approx 0,0325$
$P_{99;\,0,95}(X=99) \approx 0,0062$

```
binomPdf(99,0.95,97)          0.083745
binomPdf(99,0.95,98)          0.032473
binomPdf(99,0.95,99)          0.006232
```

Die erwarteten Kosten betragen bei
2 Personen: $2 \cdot 300\,€ + 2 \cdot 20\,€ = 640\,€$
3 Personen: $3 \cdot 300\,€ + 3 \cdot 20\,€ = 960\,€$

Damit ergibt sich die ergänzte Tabelle:

Anzahl der Personen, die wegen Überbuchung nicht antreten können	1	2	3
Anzahl k der angetretenen Buchungen	97	98	99
$P_{99;\,0,95}(X=k)$	**0,0837**	**0,0325**	**0,0062**
Kosten für Erstattung und Entschädigung in €	320	**640**	**960**

(3) Zu ermitteln sind die Kosten K, die dem Busunternehmen langfristig durch die Überbuchung auf 99 Personen entstehen (bestehend aus Erstattung und Entschädigung). Die Kosten K müssen den Mehreinnahmen E durch Überbuchung gegenübergestellt werden.
$K = 0,0837 \cdot 320\,€ + 0,0325 \cdot 640\,€ + 0,0062 \cdot 960\,€ \approx 53,54\,€$

Setzt man statt der gerundeten Wahrscheinlichkeiten die nicht gerundeten Werte ein, erhält man etwa 53,56 €.

Für die Mehreinnahmen E gilt:
$E = 3 \cdot 20\,€ = 60\,€$

Das bedeutet: Für das Busunternehmen ergibt sich auf längere Sicht ein Überschuss von $60\,€ - 53,54\,€ = 6,46\,€$ pro Fahrt. Somit lohnt sich die Überbuchung aus finanzieller Sicht.

c) (1) Die Zufallsvariable X gibt die Anzahl der Buchungen an, die kurzfristig storniert werden. Der Anteil der Buchungen, die kurzfristig storniert werden, beträgt weiterhin 7 %. X ist also binomialverteilt mit $n = 1\,000$ und $p = 0,07$.
Die Maßnahme wird als erfolgreich angesehen, wenn weniger als 55 Buchungen kurzfristig storniert worden sind. Es ist also folgende Wahrscheinlichkeit zu berechnen:

$P_{1\,000;\,0,07}(X < 55) = P_{1\,000;\,0,07}(X \le 54)$
$\approx 0,0241$

```
binomCdf(1000,0.07,54)          0.024132
```

(2) $P_{1\,000;\,0,04}(X \geq 55) \approx 0,0124$

```
binomCdf(1000,0.04,55,1000)        0.01238
```

In der Stichprobe sind trotz der Annahme eines Stornierungsanteils von 4 % zufällig 55 oder mehr Buchungen kurzfristig storniert worden. Das Ergebnis der Stichprobe liegt also im Verwerfungsbereich der Hypothese $p = 0,04$ und die Annahme vom Erfolg der Maßnahme wird vom Busunternehmen irrtümlich verworfen. Es handelt sich um einen Fehler 1. Art. Dieser beträgt etwa 1,24 %.

Abiturprüfung 2021 Mathematik Grundkurs (Nordrhein-Westfalen)
Prüfungsteil A3 – Aufgaben ohne Hilfsmittel

Punkte

a) Gegeben ist die in $\mathbb{R}$ definierte Funktion f mit $f(x) = x^3 - x$.

Wie berechne ich Funktionswert?

(1) Einer der folgenden Graphen I, II und III stellt f dar.

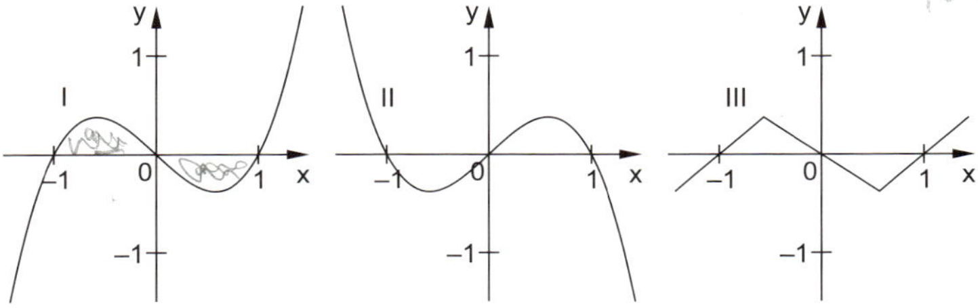

Abbildung 1

Geben Sie die Graphen an, die dafür nicht infrage kommen, und begründen Sie Ihre Angabe. 2

(2) Berechnen Sie den Inhalt der Fläche, die der Graph von f und die x-Achse einschließen.
[Hinweis: Die Nullstellen dürfen dabei der obigen Abbildung 1 entnommen werden.] 3

b) Gegeben ist die Funktion f mit $f(x) = (x+2) \cdot e^{-x+4}$, $x \in \mathbb{R}$.
Der Graph von f ist in Abbildung 2 dargestellt.

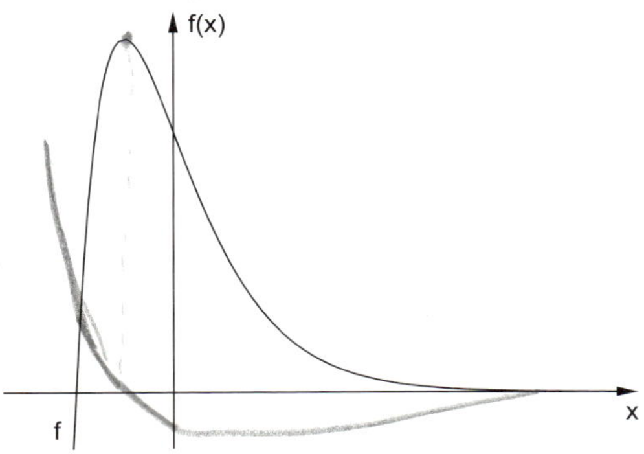

Abbildung 2

(1) Die Funktion f besitzt genau eine Extremstelle.
Ermitteln Sie die Extremstelle von f.
[Hinweis: Ein Nachweis der hinreichenden Bedingung ist nicht erforderlich.] 3

1. Notw. Bed. Ableitung → Nullstellen

2. hin. reich. einsetzen in ableitung

(2) Skizzieren Sie in Abbildung 2 den Graphen der Ableitungsfunktion von f.
[Hinweis: Die Größe der y-Werte kann dabei unberücksichtigt bleiben.] 2

c) Für jedes $a \in \mathbb{R}$ ist durch die Gleichung $f_a(x) = (x+2)(2x+a)e^x$, $x \in \mathbb{R}$, eine Funktion f_a gegeben.

(1) Geben Sie die Nullstellen der Funktion f_1 mit $f_1(x) = (x+2)(2x+1)e^x$ an. 1

(2) In Abbildung 3 ist der Graph der Funktion f_a für ein konkretes a abgebildet.
Begründen Sie, dass für den Graphen in Abbildung 3 gilt: $a = 0$. 2

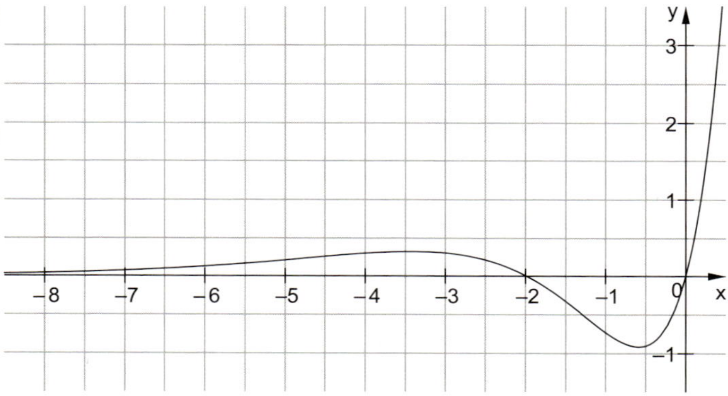

Abbildung 3

(3) Ermitteln Sie, für welchen Wert von a der Punkt $P(3 \mid 40e^3)$ auf dem Graphen der Funktion f_a liegt. 2

d) Gegeben sind die Punkte A und B mit den Koordinaten $A(3 \mid 4 \mid 2)$ und $B(8 \mid -11 \mid 12)$ sowie die Gerade g mit der Gleichung

$$g\colon \vec{x} = \begin{pmatrix} 6{,}5 \\ -6{,}5 \\ 9 \end{pmatrix} + r \cdot \begin{pmatrix} -7 \\ 21 \\ -14 \end{pmatrix},\ r \in \mathbb{R}.$$

(1) Geben Sie eine Gleichung der Geraden h an, die durch die Punkte A und B verläuft. 1

(2) Weisen Sie nach, dass der Punkt A auf der Geraden g liegt.
Untersuchen Sie die Lage der Geraden g und h zueinander. 3

(3) Geben Sie eine Gleichung einer Geraden an, die die Gerade g im Punkt A schneidet. 1

e) Im Folgenden werden zwei Würfel stets gemeinsam geworfen. Bei jedem der beiden Würfel sind die Seiten mit den Zahlen von 1 bis 6 durchnummeriert.

(1) Die beiden Würfel werden einmal geworfen.
Begründen Sie, dass die Wahrscheinlichkeit dafür, dass dabei keine „6“ auftritt, $\frac{25}{36}$ beträgt. 2

(2) Die beiden Würfel werden 36-mal geworfen. Die binomialverteilte Zufallsgröße X gibt die Anzahl der Würfe an, bei denen keine „6“ auftritt.
Begründen Sie für jede der folgenden Abbildungen 4, 5 und 6, dass sie nicht die Wahrscheinlichkeitsverteilung von X zeigt. 3

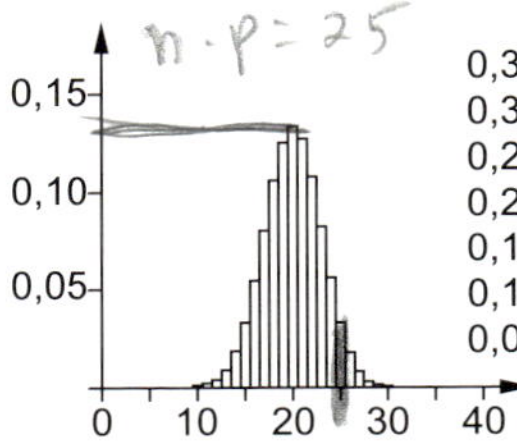

Abbildung 4

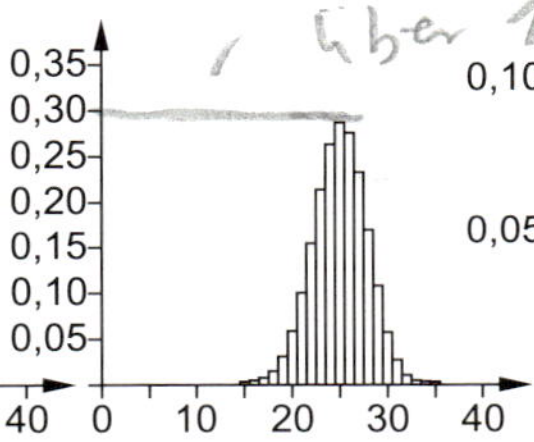

Abbildung 5

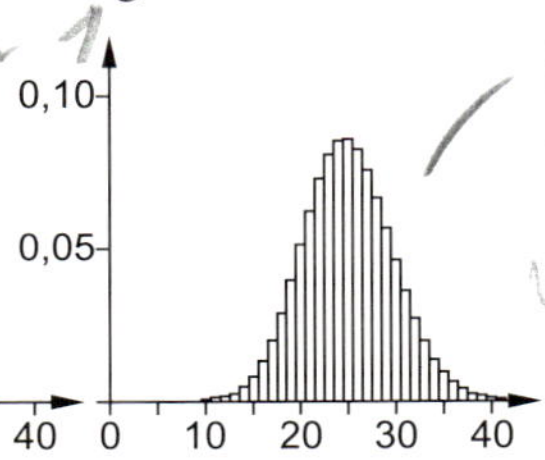

Abbildung 6

Hinweise und Tipps

Teilaufgabe a

(1) Berechnen Sie für beliebige x-Werte den Funktionswert f(x) und vergleichen Sie ihn mit dem dargestellten Graphen.

Betrachten Sie die Steigung der dargestellten Graphen in ausgewählten Intervallen und vergleichen Sie diese mit dem Graphen von f.

(2) Der Graph von f ist punktsymmetrisch zum Ursprung.

Die Fläche, die vom Graphen und der x-Achse eingeschlossen wird, ist oberhalb der x-Achse genauso groß wie unterhalb der x-Achse.

Teilaufgabe b

(1) Bestimmen Sie mithilfe der Ketten- und Produktregel die 1. Ableitung.

Formen Sie den Funktionsterm von f' durch Ausklammern so um, dass er als Produkt vorliegt.

Beachten Sie, dass ein Produkt null wird, wenn mindestens ein Faktor null ist.

Es gilt: $e^x \neq 0$ für alle $x \in \mathbb{R}$

(2) Überlegen Sie anhand des Hochpunktes und des Verlaufs des Graphen von f, für welche x-Werte Folgendes gilt: $f'(x) = 0$, $f'(x) < 0$ und $f'(x) > 0$

Untersuchen Sie anhand des Funktionsterms das Verhalten des Graphen von f' für $x \to \infty$.

Teilaufgabe c

(1) Ein Produkt wird null, wenn mindestens ein Faktor null ist.

Beachten Sie, dass für alle $x \in \mathbb{R}$ gilt: $e^x \neq 0$

(2) Lesen Sie die Nullstellen des Graphen von f_a ab und wählen Sie a passend.

(3) Setzen Sie die Koordinaten des Punktes P in die Funktionsgleichung ein und lösen Sie die entstehende Gleichung nach a auf.

Teilaufgabe d

(1) Ermitteln Sie mithilfe der Punkte A und B einen geeigneten Stütz- und einen Richtungsvektor für die Geradengleichung.

(2) Führen Sie die Punktprobe durch, indem Sie die Koordinaten von A in die Geradengleichung von g einsetzen.

Prüfen Sie, ob die beiden Richtungsvektoren der Geraden g und h kollinear sind.

(3) Wählen Sie für die gesuchte Gerade einen passenden Stützvektor, dessen Punkt auf der Geraden liegt.

Bestimmen Sie den neuen Richtungsvektor so, dass er nicht kollinear zum Richtungsvektor $\vec{v}$ der Geraden g ist.

Teilaufgabe e

(1) Die Wahrscheinlichkeit, dass ein Würfel keine „6“ zeigt, ist für jeden der beiden Würfel unabhängig voneinander.

(2) Abbildung 4: Bestimmen Sie den Erwartungswert $\mu = n \cdot p$.

Abbildung 5: Die Summe aller Einzelwahrscheinlichkeiten ergibt 1.

Abbildung 6: Die Würfel werden genau 36-mal geworfen.

Lösung

a) (1) Der Graph II kommt nicht infrage, da z. B. gilt:

$$f(0{,}5) = \left(\frac{1}{2}\right)^3 - \frac{1}{2} = \frac{1}{8} - \frac{4}{8} = -\frac{3}{8} < 0$$

Der Wert des Graphen II ist an der Stelle $x = 0{,}5$ jedoch größer als null.

Der Graph III kommt nicht infrage, da die Steigung des Graphen von f für $-0{,}5 \leq x \leq 0{,}5$ nicht konstant ist.

(2) Da die Exponenten des Funktionsterms von f ungerade sind, verläuft der Graph von f punktsymmetrisch zum Ursprung.
Es reicht daher, die Fläche zwischen dem Graphen von f und der x-Achse im Intervall [–1; 0] zu betrachten:

$$2 \cdot \int_{-1}^{0} (x^3 - x)\,dx = 2 \cdot \left[\frac{1}{4}x^4 - \frac{1}{2}x^2\right]_{-1}^{0} = 2 \cdot \left[0 - \left(\frac{1}{4} - \frac{1}{2}\right)\right] = 2 \cdot \frac{1}{4} = \frac{1}{2}$$

b) (1) Um die Ableitung von f zu bestimmen, muss die Ketten- und die Produktregel angewendet werden:

$$\begin{aligned} f'(x) &= 1 \cdot e^{-x+4} + (x+2) \cdot e^{-x+4} \cdot (-1) \\ &= e^{-x+4} \cdot (1 - x - 2) \\ &= (-x-1) \cdot e^{-x+4} \end{aligned}$$

Notwendige Bedingung für Extremstellen: $f'(x) = 0$

$f'(x) = (-x-1) \cdot e^{-x+4} = 0$

Da $e^{-x+4} \neq 0$ für alle $x \in \mathbb{R}$ gilt:

$-x - 1 = 0 \quad \Leftrightarrow \quad x = -1$

Die Extremstelle liegt bei $x = -1$.

(2) Da die Funktion f an der Stelle $x = -1$ einen Hochpunkt hat, lässt sich auf die y-Werte von f' Folgendes schließen:
Die Nullstelle von f' liegt bei $x = -1$.
$f'(x) < 0$ für $x > -1$
$f'(x) > 0$ für $x < -1$

An dem Funktionsterm von f' ist zu sehen, dass sich der Graph der x-Achse als Asymptote nähert. Der Graph von f' bleibt negativ, nähert sich daher von unten der x-Achse an.

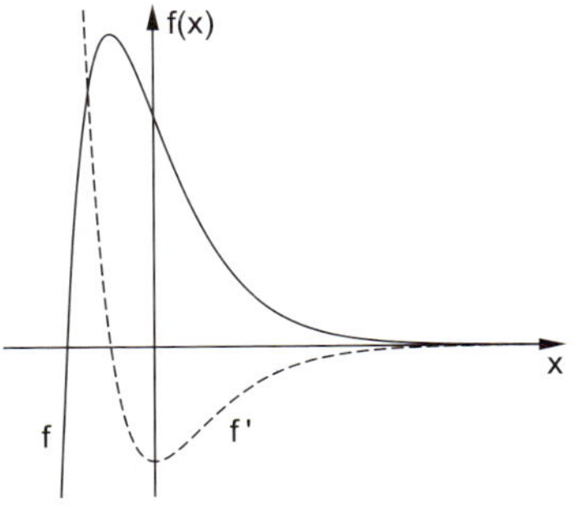

c) (1) Für die Berechnung der Nullstellen muss der Funktionsterm $f_1(x)$ gleich null gesetzt werden:

$f_1(x) = (x+2)(2x+1)e^x = 0$

Wegen $e^x \neq 0$ folgt:

$x+2=0 \ \vee \ 2x+1=0 \ \Leftrightarrow \ x=-2 \ \vee \ x=-\frac{1}{2}$

(2) Wegen $e^x \neq 0$ hat die Funktion f_a die Nullstellen $x=-2$ und $x=-\frac{a}{2}$.

Dem Graphen lassen sich die Nullstellen $x=-2$ und $x=0$ entnehmen. Daher muss gelten:

$-\frac{a}{2} = 0 \ \Leftrightarrow \ a = 0$

Für den Graphen in Abbildung 3 muss $a=0$ gelten.

(3) Setzt man den Punkt $P(3\,|\,40e^3)$ in die Funktionsgleichung $f_a(x)$ ein, so erhält man:

$$\begin{aligned} & (3+2)(2\cdot 3+a)e^3 = 40e^3 \\ \Leftrightarrow \quad & 5\cdot(6+a) = 40 \\ \Leftrightarrow \quad & 30+5a = 40 \\ \Leftrightarrow \quad & 5a = 10 \\ \Leftrightarrow \quad & a = 2 \end{aligned}$$

Für $a=2$ liegt der Punkt $P(3\,|\,40e^3)$ auf dem Graphen der Funktion f_a.

d) (1) Der Stützvektor der Geraden g kann z. B. durch die Koordinaten von A bestimmt werden:

$$\vec{u} = \begin{pmatrix} 3 \\ 4 \\ 2 \end{pmatrix}$$

Der Richtungsvektor ergibt sich aus:

$$\vec{v} = \overrightarrow{AB} = \begin{pmatrix} 5 \\ -15 \\ 10 \end{pmatrix}$$

Für die Gleichung der Geraden h gilt:

$$h\colon \vec{x} = \begin{pmatrix} 3 \\ 4 \\ 2 \end{pmatrix} + s\cdot\begin{pmatrix} 5 \\ -15 \\ 10 \end{pmatrix}, \ s \in \mathbb{R}$$

(2) Die Punktprobe durch Einsetzen der Koordinaten von A in die Geradengleichung von g ergibt:

$$\begin{pmatrix} 3 \\ 4 \\ 2 \end{pmatrix} = \begin{pmatrix} 6{,}5 \\ -6{,}5 \\ 9 \end{pmatrix} + r\cdot\begin{pmatrix} -7 \\ 21 \\ -14 \end{pmatrix} \ \Leftrightarrow \ \begin{pmatrix} -3{,}5 \\ 10{,}5 \\ -7 \end{pmatrix} = r\cdot\begin{pmatrix} -7 \\ 21 \\ -14 \end{pmatrix} \ \Leftrightarrow \ r = 0{,}5$$

Damit liegt der Punkt A auf der Geraden g.

Um die Lage der Geraden g und h zueinander zu untersuchen, wird geprüft, ob ihre Richtungsvektoren kollinear sind:

$$\begin{pmatrix} -7 \\ 21 \\ -14 \end{pmatrix} = t \cdot \begin{pmatrix} 5 \\ -15 \\ 10 \end{pmatrix} \quad \Leftrightarrow \quad t = -\frac{7}{5}$$

Alternativ:

$$\begin{pmatrix} -7 \\ 21 \\ -14 \end{pmatrix} = 7 \cdot \begin{pmatrix} -1 \\ 3 \\ -2 \end{pmatrix} \text{ und } \begin{pmatrix} 5 \\ -15 \\ 10 \end{pmatrix} = -5 \cdot \begin{pmatrix} -1 \\ 3 \\ -2 \end{pmatrix}$$

Die Richtungsvektoren von g und h sind kollinear und A ist der gemeinsame Punkt. Damit sind die beiden Geraden g und h identisch.

(3) Die gesuchte Gerade k hat mit g den Punkt A gemeinsam. Als Stützvektor von k kann daher $\vec{u} = \begin{pmatrix} 3 \\ 4 \\ 2 \end{pmatrix}$ gewählt werden. Der Richtungsvektor von k darf nicht kollinear zum Richtungsvektor $\vec{v} = \begin{pmatrix} -7 \\ 21 \\ -14 \end{pmatrix}$ der Geraden g sein.

Man kann daher eine Koordinate gleich null setzen, z. B.:

$$\vec{w} = \begin{pmatrix} 0 \\ 21 \\ -14 \end{pmatrix}$$

Es ergibt sich als ein Beispiel für die gesuchte Gerade k:

$$\vec{x} = \begin{pmatrix} 3 \\ 4 \\ 2 \end{pmatrix} + t \cdot \begin{pmatrix} 0 \\ 21 \\ -14 \end{pmatrix}, t \in \mathbb{R}$$

e) (1) Die Wahrscheinlichkeit, dass ein Würfel keine „6“ zeigt, ist für jeden der beiden Würfel unabhängig voneinander $\frac{5}{6}$.

Damit ergibt sich die Wahrscheinlichkeit dafür, dass beide Würfel keine „6“ zeigen:

$$\frac{5}{6} \cdot \frac{5}{6} = \frac{25}{36}$$

(2) Abbildung 4:

Der Erwartungswert einer binomialverteilten Zufallsgröße wird bestimmt durch $\mu = n \cdot p$.

Für $n = 36$ und $p = \frac{25}{36}$ ergibt sich:

$$\mu = 36 \cdot \frac{25}{36} = 25$$

Die Abbildung 4 scheidet damit aus, weil die höchste Säule und damit der Erwartungswert bei 20 liegt und nicht bei 25.

Abbildung 5:
Addiert man die Höhen der mittleren fünf Säulen, so erhält man einen Wert größer als 1. Daher stellt Abbildung 5 keine Wahrscheinlichkeitsverteilung dar.

Abbildung 6:
Es gibt Wahrscheinlichkeitswerte für $X \geq 37$, die größer als null sind. Dies ist nicht möglich, da die Anzahl der Würfe $n = 36$ beträgt. Also handelt es sich hier nicht um die Wahrscheinlichkeitsverteilung von X.

Abiturprüfung 2021 Mathematik Grundkurs (Nordrhein-Westfalen)
Prüfungsteil B – Analysis B1 (GTR)

Die Funktion f ist gegeben durch die Gleichung $f(x) = 10 \cdot (x-1) \cdot e^{-x}$, $x \in \mathbb{R}$.
Der Graph von f ist in Abbildung 1 dargestellt.

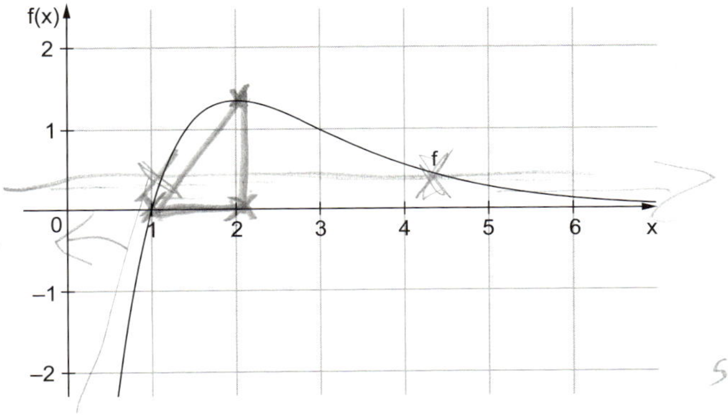

Abbildung 1

Punkte

a) (1) Begründen Sie, dass $x = 1$ die einzige Nullstelle von f ist. 1

(2) Zeigen Sie: $f'(x) = 10 \cdot (2-x) \cdot e^{-x}$. 2

(3) Untersuchen Sie f rechnerisch auf lokale Extremstellen.
[Kontrolllösung: An der Stelle $x = 2$ liegt eine lokale Maximalstelle vor.] 3

(4) Ermitteln Sie, für welche $x \in \mathbb{R}$ gilt: $f(x) < 0{,}1$. 3

b) $P_u(u \mid f(u))$ ist ein beliebiger Punkt auf dem Graphen von f.
P_u legt zusammen mit $N(1 \mid 0)$ und $F_u(u \mid 0)$ das Dreieck NF_uP_u fest.

(1) Zeichnen Sie in Abbildung 1 das Dreieck NF_uP_u ein, das sich ergibt, wenn P_u mit dem Hochpunkt des Graphen von f übereinstimmt. 1

(2) Bestimmen Sie den Flächeninhalt des in b) (1) gezeichneten Dreiecks. 2

(3) Untersuchen Sie, ob P_u so auf dem Graphen von f gewählt werden kann, dass das zugehörige Dreieck NF_uP_u den Flächeninhalt 2 FE hat. 4

c) (1) Gegeben ist die Funktion t mit $t(x) = -10 \cdot e^{-3} \cdot x + 50 \cdot e^{-3}$, $x \in \mathbb{R}$, und der Wendepunkt $W(3 \mid f(3))$ des Graphen von f.
Weisen Sie rechnerisch nach, dass der Graph von t die Tangente an den Graphen von f im Punkt W ist. 4

(2) Die Schnittpunkte der in c) (1) gegebenen Tangente mit den beiden Koordinatenachsen legen zusammen mit dem Koordinatenursprung $O(0|0)$ ein Dreieck fest.
Berechnen Sie den Umfang dieses Dreiecks. 4

(3) Im Intervall $[1; 5]$ begrenzen der Graph von f und die in c) (1) gegebene Tangente zusammen mit der x-Achse eine Fläche F (siehe Abbildung 2).
Bestimmen Sie den Flächeninhalt von F. 3

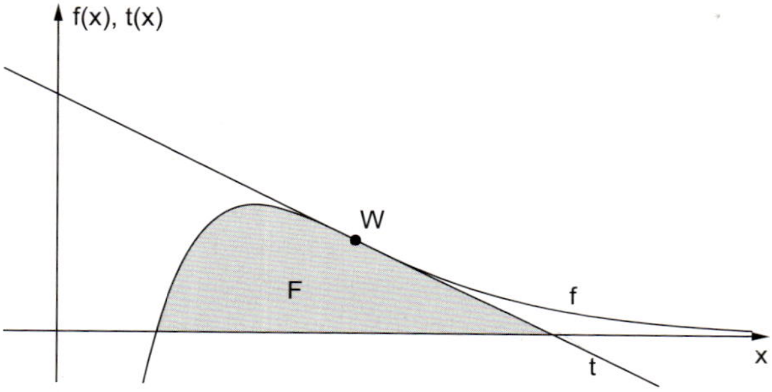

Abbildung 2

d) Die Gerade mit der Gleichung $y = x$ wird als „1. Winkelhalbierende“ bezeichnet. Es gibt genau einen Punkt R auf dem Graphen von f, in dem die Tangente t_R an den Graphen von f parallel zur 1. Winkelhalbierenden ist.

(1) Ermitteln Sie rechnerisch eine Gleichung für die Tangente t_R.
[Mögliche Lösung: Falls man auf vier Stellen nach dem Komma rundet, ergibt sich für die Tangente t_R als Gleichung $y = x - 0{,}3823$.] 4

(2) Die Gerade mit der Gleichung $y = -x$ wird als „2. Winkelhalbierende“ bezeichnet.
Bestimmen Sie den Schnittpunkt der Tangente t_R mit der 2. Winkelhalbierenden. 2

(3) Ermitteln Sie rechnerisch den Abstand, den die Tangente t_R von der 1. Winkelhalbierenden hat. 2

Hinweise und Tipps

Teilaufgabe a

(1) Setzen Sie den Funktionsterm gleich 0 und lösen Sie die entstehende Gleichung nach x auf.

(2) Leiten Sie den Funktionsterm mithilfe der Faktor-, Produkt- und Kettenregel ab.

(3) Die notwendige Bedingung für eine Extremstelle lautet: $f'(x)=0$

Die hinreichende Bedingung für eine Extremstelle lautet: $f'(x)=0 \wedge f''(x)\neq 0$

Bilden Sie die 2. Ableitung mithilfe der Faktor-, Produkt- und Kettenregel.

Alternativ: Die hinreichende Bedingung für eine Extremstelle lautet: $f'(x)=0$ und an der möglichen Extremstelle findet ein Vorzeichenwechsel statt.

(4) Lösen Sie die Gleichung $f(x)=0{,}1$.

Durch die zwei Lösungen sind drei Intervalle festgelegt. Überlegen Sie mithilfe des Maximums, in welchen Intervallen die Funktionswerte kleiner als 0,1 sind.

Alternativ: Zeichnen Sie den Graphen der Funktion f und die Gerade mit der Gleichung $y=0{,}1$.

Bestimmen Sie die Schnittpunkte der Gerade mit dem Graphen der Funktion f.

Geben Sie an, in welchen Bereichen der Graph der Funktion f unter der Geraden liegt.

Teilaufgabe b

(1) Achten Sie darauf, dass die Punkte P_2 und F_2 die gleiche x-Koordinate haben.

Zeichnen Sie das Dreieck und nicht nur die Punkte ein.

(2) Der Flächeninhalt eines rechtwinkligen Dreiecks berechnet sich nach der Formel:
$A=\frac{1}{2}\cdot \text{Kathete 1}\cdot \text{Kathete 2}$

(3) Stellen Sie eine Flächeninhaltsfunktion für die Dreiecksfläche auf.

Beachten Sie, dass $u<1$ sein kann. Welche Auswirkung hat dies für den Funktionsterm der Flächeninhaltsfunktion?

Setzen Sie den Funktionsterm der Flächeninhaltsfunktion gleich 2 und lösen Sie die Gleichung mit dem GTR.

Teilaufgabe c

(1) Denken Sie daran, dass bei einer Tangente an den Graphen einer Funktion f im Punkt P die gleiche Steigung und der gleiche Funktionswert vorliegen.

Die Steigung des Graphen der Funktion an der Stelle $x=3$ ist gleich dem Wert der 1. Ableitung an der Stelle $x=3$.

(2) Der Schnittpunkt mit der y-Achse kann mithilfe des y-Achsenabschnitts der Tangente bestimmt werden.

Im Schnittpunkt der Tangente mit der x-Achse ist der Funktionswert der Tangente gleich null.

Die Länge einer Strecke mit den Endpunkten $P(x_P \mid y_P)$ und $Q(x_Q \mid y_Q)$ berechnet sich nach folgender Formel: $d(P; Q) = \sqrt{(x_P - x_Q)^2 + (y_P - y_Q)^2}$

Denken Sie daran, dass der Umfang gesucht ist.

(3) Die Gesamtfläche kann durch eine Senkrechte vom Wendepunkt W auf die x-Achse in zwei Teilflächen unterteilt werden.

Achten Sie bei den Integrationsgrenzen auf die vorherigen Aufgaben.

Berechnen Sie den Flächeninhalt der Teilflächen mithilfe des GTR.

Teilaufgabe d

(1) Die 1. Winkelhalbierende hat die Steigung 1.

Die Steigung in einem Punkt des Graphen einer Funktion f ist gleich dem Funktionswert der 1. Ableitung an dieser Stelle.

Nutzen Sie die allgemeine Form der Geradengleichung zur Bestimmung der Gleichung der Tangente.

(2) Setzen Sie die Funktionsterme der Tangente t_R und der 2. Winkelhalbierenden gleich.

Lösen Sie die Gleichung mit dem GTR.

Bestimmen Sie den Schnittpunkt S.

(3) Der Abstand zwischen der Tangente t_R und der 1. Winkelhalbierenden ist gleich dem Abstand des Schnittpunktes S vom Ursprung.

Nutzen Sie den Satz des Pythagoras zur Berechnung des Abstandes.

Lösung

a) (1) In den Nullstellen der Funktion $f(x)=10\cdot(x-1)\cdot e^{-x}$, $x\in\mathbb{R}$ ist der Funktionswert null.

$$\begin{aligned} 10\cdot(x-1)\cdot e^{-x} &= 0 \quad \Big|:10e^{-x}\neq 0 \text{ für alle } x\in\mathbb{R}\\ x-1&=0\\ x&=1 \end{aligned}$$

$x=1$ ist die einzige Nullstelle.

(2) Eine Ableitung mithilfe der Faktor-, Produkt- und Kettenregel ergibt:

$$f'(x)=10\cdot[1\cdot e^{-x}+(x-1)\cdot(-1)\cdot e^{-x}]=10\cdot[(1-x+1)\cdot e^{-x}]=10\cdot(2-x)\cdot e^{-x}$$

(3) Zunächst wird die 2. Ableitung mithilfe der Faktor-, Produkt- und Kettenregel berechnet:

$$\begin{aligned} f''(x)&=10\cdot[-1\cdot e^{-x}+(2-x)\cdot(-1)\cdot e^{-x}]\\ &=10\cdot[(-1-2+x)\cdot e^{-x}]\\ &=10\cdot(x-3)\cdot e^{-x} \end{aligned}$$

Die notwendige Bedingung für eine Extremstelle lautet: $f'(x)=0$

$$\begin{aligned} 10\cdot(2-x)\cdot e^{-x} &= 0 \quad \Big|:10e^{-x}\neq 0 \text{ für alle } x\in\mathbb{R}\\ 2-x&=0\\ x&=2 \end{aligned}$$

Die hinreichende Bedingung für eine Extremstelle lautet: $f'(x)=0 \wedge f''(x)\neq 0$

$f''(2)=10\cdot(2-3)\cdot e^{-2}=-10e^{-2}<0$

Da $f''(2)<0$ ist, liegt an der Stelle $x=2$ eine lokale Maximumstelle vor.

Alternativ:
Die hinreichende Bedingung für eine Extremstelle lautet: $f'(x)=0$ und an der möglichen Extremstelle findet ein Vorzeichenwechsel statt.

$f'(1)=10\cdot(2-1)\cdot e^{-1}=10e^{-1}>0$

$f'(3)=10\cdot(2-3)\cdot e^{-1}=-10e^{-1}<0$

An der Stelle $x=2$ findet ein (+/–)-Vorzeichenwechsel statt. Daher liegt hier eine lokale Maximumstelle vor.

Eine Rechnung mit dem GTR reicht bei den Operatoren „begründen Sie", „zeigen Sie", „untersuchen Sie rechnerisch" oder „weisen Sie rechnerisch nach" nicht aus.

(4) Der Funktionsterm wird gleich 0,1 gesetzt:
$f(x)=0{,}1$
Der GTR liefert die Lösungen $x\approx 1{,}03$ bzw. $x\approx 6{,}27$.

$f(x):=10\cdot(x-1)\cdot e^{-x}$	*Fertig*
nSolve(f(x)=0.1,x)	1.02795
nSolve(f(x)=0.1,x)|x>2	6.26654

Durch die beiden Nullstellen wird die x-Achse in drei Teilbereiche aufgeteilt. Der absolute Hochpunkt hat die Koordinaten $H(2\,|\,f(2))$. Im Intervall $[1{,}03;\ 6{,}27]$ sind die Funktionswerte somit größer als 0,1. In den Intervallen $]-\infty;\ 1{,}03[$ und $]6{,}27;\ \infty[$ sind die Funktionswerte kleiner als 0,1.

Alternativ:
Der Graph der Funktion f und die Gerade mit der Gleichung $y = 0{,}1$ werden im Grafikfenster gezeichnet und deren Schnittpunkte bestimmt.
In den Intervallen $]-\infty;\ 1{,}03[$ und $]6{,}27;\ \infty[$ sind die Funktionswerte kleiner als 0,1.

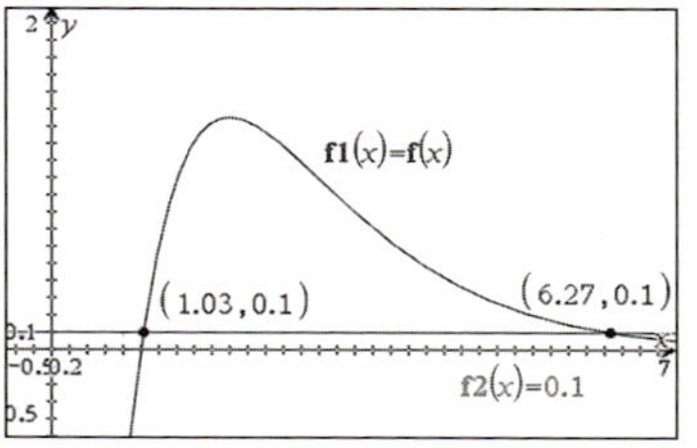

b) (1) Wenn P_u mit dem Hochpunkt des Graphen übereinstimmt, muss $u = 2$ sein.

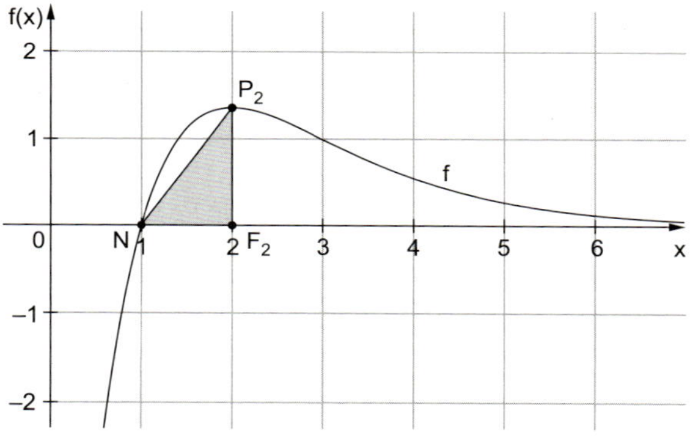

(2) Das Dreieck ist rechtwinklig; die Katheten haben die Länge 1 Längeneinheit und f(2) Längeneinheit.

Der Flächeninhalt eines rechtwinkligen Dreiecks berechnet sich nach folgender Formel:

$$A = \frac{1}{2} \cdot \text{Kathete 1} \cdot \text{Kathete 2}$$

Einsetzen in die Formel liefert als Flächeninhalt:

$$A = \frac{1}{2} \cdot 1 \cdot f(2) = \frac{1}{2} \cdot 1 \cdot 1{,}35335 \approx 0{,}6767\ [\text{FE}]$$

Der Flächeninhalt des Dreiecks beträgt ca. 0,6767 Flächeneinheiten.

(3) Ist $u > 1$, so hat die Kathete auf der x-Achse die Länge $(u-1)$ Längeneinheiten und die Länge der 2. Kathete ist gleich dem Funktionswert an der Stelle $x = u$. Damit ist:

$$A_{NF_uP_u} = \frac{1}{2} \cdot (u-1) \cdot f(u)$$

Ist $u < 1$, so hat die Kathete auf der x-Achse die Länge $(1-u)$ Längeneinheiten und die Länge der 2. Kathete ist gleich dem negativen Funktionswert an der Stelle $x = u$.
Damit ist:

$$A_{NF_uP_u} = \frac{1}{2} \cdot (1-u) \cdot (-f(u)) = \frac{1}{2} \cdot (u-1) \cdot f(u)$$

Insgesamt ist also:

$$A_{NF_uP_u} = \frac{1}{2} \cdot (u-1) \cdot f(u)$$

Es soll gelten:

$$A_{NF_uP_u} = \frac{1}{2} \cdot (u-1) \cdot f(u) = 2$$

$\text{nSolve}\left(\frac{1}{2} \cdot (u-1) \cdot f(u) = 2, u\right)$	0.274501

Der GTR berechnet als Lösung $u \approx 0{,}275$.
Das Dreieck $A_{NF_{0,275}P_{0,275}}$ hat einen Flächeninhalt von 2 Flächeneinheiten.

c) (1) Wenn die Gerade mit der Gleichung $t(x) = -10e^{-3} \cdot x + 50e^{-3}$ Tangente an den Graphen der Funktion f im Wendepunkt $W(3 \mid f(3))$, also die Wendetangente, ist, dann müssen die Funktionswerte von Gerade und Funktion f an der Stelle $x = 3$ übereinstimmen. Ebenso muss die Steigung des Graphen an der Stelle $x = 3$ mit der Steigung der Geraden übereinstimmen.

Es gilt:

$$f(3) = 10 \cdot (3-1) \cdot e^{-3} = 20e^{-3}$$

$$t(3) = -10e^{-3} \cdot 3 + 50e^{-3} = 20e^{-3}$$

Die Funktionswerte stimmen überein.

Die Steigung der Geraden ist $m = -10e^{-3}$.
Die Steigung des Graphen der Funktion f an der Stelle $x = 3$ ist gleich dem Wert der 1. Ableitung an der Stelle $x = 3$.

$$f'(3) = 10 \cdot (2-3) \cdot e^{-3} = -10e^{-3}$$

Die Steigungen stimmen überein.

Somit gilt: Die Gerade t ist die Tangente am Graphen der Funktion f im Wendepunkt.

(2) Der y-Achsenabschnitt der Tangente liefert den Schnittpunkt mit der y-Achse: $S_y(0 \mid 50e^{-3})$

Im Schnittpunkt der Tangente mit der x-Achse ist der Funktionswert der Tangente gleich null:

$$-10e^{-3} \cdot x + 50e^{-3} = 0$$
$$50e^{-3} = 10e^{-3} \cdot x \qquad \mid : (10e^{-3})$$
$$x = 5$$

Der Schnittpunkt mit der x-Achse ist $N(5 \mid 0)$.

Die Länge einer Strecke mit den Endpunkten P und Q berechnet sich nach folgender Formel:

$$d(P; Q) = \sqrt{(x_P - x_Q)^2 + (y_P - y_Q)^2}$$

Einsetzen der Koordinaten der Punkte S_y und N in die Abstandsformel ergibt:

$$d(S_y; N) = \sqrt{(5-0)^2 + (0 - 50e^{-3})^2} = \sqrt{25 + (50e^{-3})^2}$$

Das Dreieck hat einen Umfang von:

$$50e^{-3} + 5 + \sqrt{25 + \left(50e^{-3}\right)^2} \approx 13{,}075\,[\text{LE}]$$

(3) Die Gesamtfläche kann durch eine Senkrechte vom Wendepunkt W auf die x-Achse in zwei Teilflächen unterteilt werden.

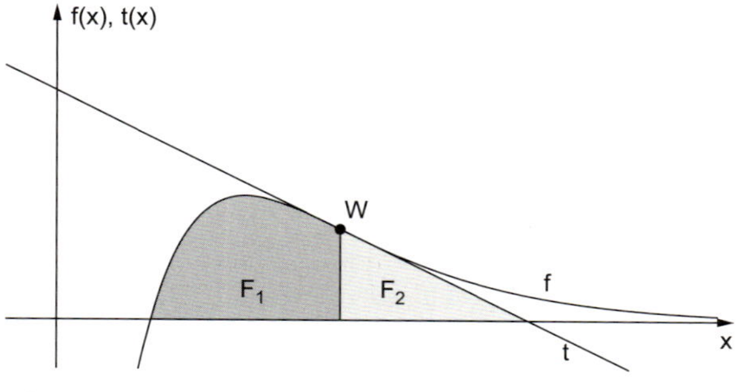

Die Gesamtfläche setzt sich zusammen aus der Fläche F_1 unter dem Graphen der Funktion f in [1; 3] und der Fläche F_2 unter dem Graphen der Funktion t in [3; 5].

$$\int_1^3 f(x)\,dx + \int_3^5 t(x)\,dx \approx 3{,}18$$

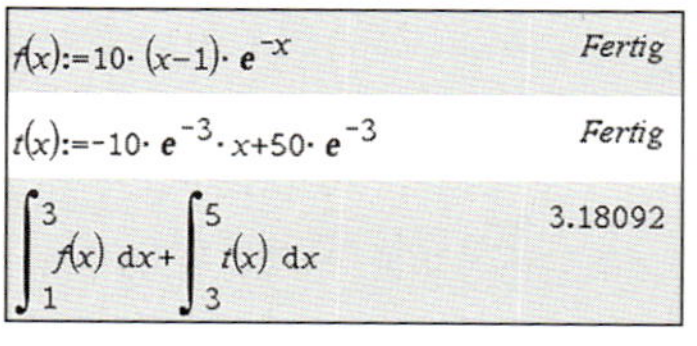

Alternativ:
Die Teilfläche zwischen der Senkrechten, der x-Achse und der Tangente ist ein rechtwinkliges Dreieck, dessen Flächeninhalt durch die Formel
$A = \frac{1}{2} \cdot \text{Kathete 1} \cdot \text{Kathete 2}$ berechnet werden kann.

Mit den Kathetenlängen $(5-3)$ und $t(3)$ berechnet man mit dem GTR:

$$\int_1^3 f(x)\,dx + \frac{1}{2} \cdot (5-3) \cdot t(3) \approx 3{,}18$$

$\int_1^3 f(x)\,dx + \frac{1}{2} \cdot (5-3) \cdot t(3)$	3.18092

Der Inhalt der Fläche F beträgt ca. 3,18 FE.

d) (1) Die 1. Winkelhalbierende hat die Steigung 1. Parallele Geraden haben die gleiche Steigung. Gesucht ist somit der Punkt des Graphen der Funktion f, an dem die Steigung des Graphen gleich 1 ist.
Zu lösen ist damit die Gleichung
$f'(x) = 1$.
Eine Lösung der Gleichung mit dem GTR ergibt $x \approx 1{,}5356$.

$a1f(x):=10\cdot(2-x)\cdot e^{-x}$	*Fertig*
nSolve$(a1f(x)=1,x)$	1.53559

Die Tangente parallel zur 1. Winkelhalbierenden berührt den Graphen der Funktion f im Punkt $P(1{,}5356 \mid f(1{,}5356))$.
Einsetzen der Steigung und der Koordinaten des Punktes P in die allgemeine Form der Geradengleichung $y = mx + b$ ergibt die Gleichung:
$f(1{,}5356) = 1 \cdot 1{,}5356 + b$

Lösen der Gleichung mit dem GTR ergibt $b \approx -0{,}3823$.

nSolve$(f(1.5356)=1\cdot 1.5356+b,b)$
-0.382311

Die Tangente parallel zur 1. Winkelhalbierenden an den Graphen der Funktion f hat die Gleichung:
$t_R(x) = x - 0{,}3823$

(2) Zur Bestimmung des Schnittpunktes werden die Funktionsterme der Tangente t_R und der 2. Winkelhalbierenden gleichgesetzt:

$$x - 0{,}3823 = -x$$
$$2x = 0{,}3823$$
$$x \approx 0{,}1912$$
$$\Rightarrow \quad y = -0{,}1912$$

Der Schnittpunkt S der Tangente t_R mit der 2. Winkelhalbierenden lautet $S(0{,}1912 \mid -0{,}1912)$.

(3) Der Abstand der Tangente t_R von der 1. Winkelhalbierenden ist gleich dem Abstand des Schnittpunktes S vom Ursprung.

Mit dem Satz des Pythagoras berechnet man:

$$d(O;S) = \sqrt{(0-0{,}1912)^2 + (0+0{,}1912)^2} \approx 0{,}2704\,[\text{LE}]$$

Der Abstand der Tangente t_R von der 1. Winkelhalbierenden beträgt ca. 0,27 [LE].

Die Abbildung zeigt den Graphen der in $\mathbb{R}$ definierten Funktion f mit
$f(x) = -\frac{5}{16}x^4 + 5x^3$.

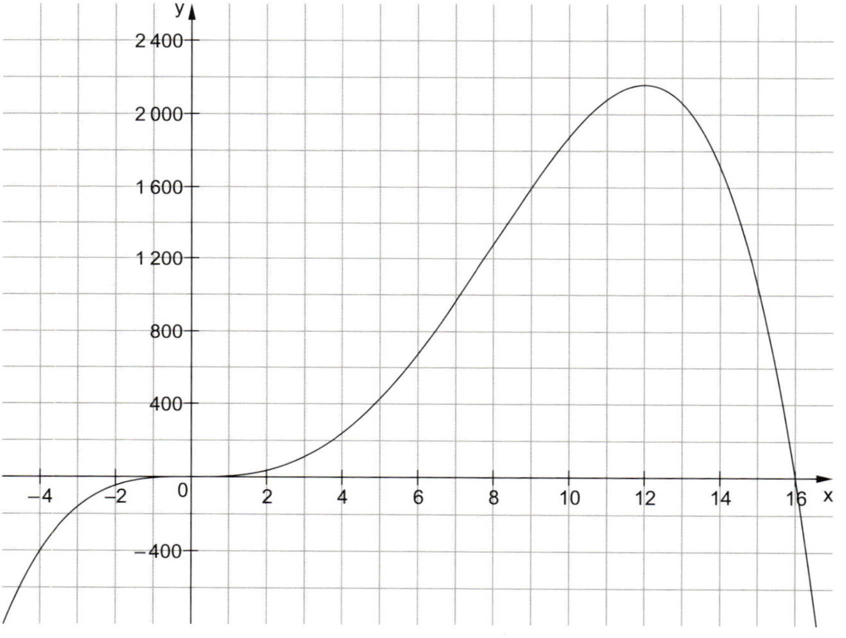

Abbildung

Punkte

a) (1) Zeigen Sie rechnerisch, dass der Punkt $(12|2\,160)$ ein Hochpunkt des Graphen von f ist und dass die Tangente an den Graphen von f im Punkt $(0|0)$ parallel zur x-Achse verläuft. 5

(2) Bestimmen Sie eine Gleichung der Geraden g, die durch die beiden Wendepunkte des Graphen von f verläuft.
Zeichnen Sie in die Abbildung eine Gerade ein, die parallel zu g ist und für $0 \leq x \leq 8$ mit dem Graphen von f genau einen Punkt gemeinsam hat. 6

(3) Die folgende Abbildung ist eine unveränderte Kopie der Abbildung auf der vorherigen Seite.[1]
Die Punkte $O(0|0)$, $B(b|0)$ und $C(b|f(b))$ bilden für jede reelle Zahl b mit $0<b<16$ ein Dreieck OBC.
Ermitteln Sie denjenigen Wert von b, für den der Flächeninhalt des Dreiecks OBC maximal wird, und geben Sie diesen Flächeninhalt an.
[Hinweis: Eine Betrachtung der Randwerte ist nicht erforderlich.] 4

b) Für jede reelle Zahl a ist eine in $\mathbb{R}$ definierte Funktion h_a mit $h_a(x)=5ax^2$ gegeben.

(1) Beschreiben Sie, wie der Graph von h_4 aus dem Graphen von h_3 erzeugt werden kann. 2

(2) Bestimmen Sie denjenigen Wert von a, für den der Punkt $(4|f(4))$ auf dem Graphen von h_a liegt. 2

(3) Die Gleichung $f(x)=h_{3,75}(x)$ hat genau die drei Lösungen $x_1=0$, $x_2=6$ und $x_3=10$ und es gilt $\int_0^{10} (f(x)-h_{3,75}(x))\,dx=0$.
Erläutern Sie die geometrische Bedeutung dieser Aussage in Bezug auf die Graphen von f und $h_{3,75}$. 3

(4) Ermitteln Sie, an welchen Stellen im Intervall [0; 16] die Graphen der Funktionen f und h_3 einen vertikalen Abstand von 250 Längeneinheiten haben. 4

c) Ein Unternehmen lagert Glyzerin in einem Tank. Die momentane Änderungsrate des Tankinhalts kann für $0 \leq x \leq 20$ mithilfe der Funktion f (aus a)) beschrieben werden. Dabei ist x die seit Beobachtungsbeginn vergangene Zeit in Stunden und f(x) die momentane Änderungsrate in Kilogramm pro Stunde. Zu Beobachtungsbeginn befinden sich im Tank 1 200 kg Glyzerin.

(1) Der Punkt $(4|240)$ liegt auf dem Graphen von f.
Interpretieren Sie die Koordinaten dieses Punktes im Sachzusammenhang. 2

(2) Beurteilen Sie die folgende Aussage: „Zwölf Stunden nach Beobachtungsbeginn ist die größte Menge Glyzerin im Tank enthalten." 2

(3) Bestimmen Sie die Zunahme des Tankinhalts zwischen den Zeitpunkten acht Stunden und zehn Stunden nach Beobachtungsbeginn. 2

(4) Berechnen Sie, wie viel Glyzerin 20 Stunden nach Beobachtungsbeginn im Tank enthalten ist. 3

---

[1] *Anmerkung der Redaktion:* In der Original-Aufgabe wurde hier die Abbildung noch einmal abgedruckt. Auf die erneute Darstellung der Abbildung wurde an dieser Stelle verzichtet.

Hinweise und Tipps

Teilaufgabe a

(1) Ermitteln Sie mittels notwendiger Bedingung (Nullstellen der 1. Ableitung) die Stellen, an denen die Funktion f ein Maximum annehmen kann.

Weisen Sie dann mithilfe von Testwerten nach, dass an der Stelle $x = 12$ ein (+/–)-Vorzeichenwechsel von f' vorliegt.

Beachten Sie, dass die notwendige Bedingung auch für $x = 0$ erfüllt ist. Was bedeutet das für die Steigung des Graphen von f im Punkt $(0 \mid 0)$?

(2) Ermitteln Sie zunächst die Wendestellen von f (notwendige Bedingung: $f''(x) = 0$, hinreichende Bedingung: $f'''(x) \neq 0$) und dann die Koordinaten der Wendepunkte.

Die gesuchte Gleichung der Geraden durch die Wendepunkte können Sie mittels $\frac{y - y_1}{x - x_1} = \frac{y_2 - y_1}{x_2 - x_1}$ berechnen.

Zeichnen Sie zuerst die Gerade g ein und verschieben Sie sie so, dass die Gerade mit dem Graphen von f genau einen gemeinsamen Punkt hat.

(3) Zeichnen Sie sich zur Veranschaulichung in die gegebene Skizze des Graphen ein mögliches Dreieck OBC ein.

Die Formel für den Flächeninhalt des Dreiecks lautet $A = \frac{1}{2} \cdot g \cdot h$, wobei g die Grundlinie und h die Höhe des Dreiecks ist.

Diese Größen sind durch die Koordinaten des Punktes C darstellbar, wodurch sich eine Flächeninhaltsformel für das Dreieck OBC in Abhängigkeit von b ergibt.

Durch eine grafische Analyse mit Ihrem CAS bzw. GTR ermitteln Sie das gesuchte Maximum.

Teilaufgabe b

(1) Überlegen Sie, wie der Term $h_4(x) = 20x^2$ aus dem Term $h_3(x) = 15x^2$ erzeugt werden kann.

(2) Berechnen Sie die Koordinaten des Punktes $(4 \mid f(4))$.

Welche Bedingung muss die y-Koordinate erfüllen, damit der Punkt auf dem Graphen von h_a liegt?

(3) Welche Stellen werden durch die Gleichung $f(x) = h_{3,75}(x)$ berechnet?

Wenn zwei Graphen drei Schnittpunkte haben, werden dadurch zwei Flächenstücke eingeschlossen.

Was bedeutet es für die beiden Flächenstücke, wenn das Integral über beide Intervalle den Wert null hat?

(4) Untersuchen Sie die Gleichungen:
$d(x) = f(x) - h_3(x) = 250$ bzw. $d(x) = f(x) - h_3(x) = -250$

Berechnen Sie die Lösungen mit Ihrem GTR bzw. CAS.

Teilaufgabe c

(1) Die x-Koordinate eines Punktes auf dem Funktionsgraphen gibt im Sachkontext den Zeitpunkt nach Beobachtungsbeginn an und die y-Koordinate die momentane Änderungsrate.

(2) Der Funktionsgraph von f (siehe Aufgabenstellung) zeigt nicht den Tankinhalt, sondern die jeweilige Änderung des Tankinhalts.

(3) Das Integral über die Änderungsrate ergibt den zugehörigen Änderungseffekt.

Der Effekt ist in diesem Kontext die Menge, um die sich der Tankinhalt verändert hat.

(4) Gehen Sie vom Tankinhalt zu Beobachtungsbeginn aus (ist in der Aufgabenstellung angegeben) und berücksichtigen Sie dann die Veränderung des Tankinhalts im Beobachtungszeitraum.

Lösung

a) (1) Gegeben ist die Funktion f mit:

$$f(x) = -\frac{5}{16}x^4 + 5x^3$$

Zunächst wird die 1. Ableitung der Funktion f ermittelt:

$$f'(x) = -\frac{5}{4}x^3 + 15x^2$$

Notwendige Bedingung für ein lokales Maximum:

$$\begin{aligned} f'(x) = 0 \quad &\Leftrightarrow \quad -\frac{5}{4}x^3 + 15x^2 = 0 \\ &\Leftrightarrow \quad x^2\left(-\frac{5}{4}x + 15\right) = 0 \\ &\Leftrightarrow \quad x = 0 \text{ oder } x = 12 \end{aligned}$$

Wenn f lokale Extremstellen hat, dann kommen dafür $x = 0$ oder $x = 12$ infrage. Gemäß Aufgabenstellung ist hier nur $x = 12$ weiter zu untersuchen.

Hinreichende Bedingung für ein lokales Maximum:
Man überprüft mittels Testwerten, ob für f' an der Stelle $x = 12$ ein Vorzeichenwechsel vorliegt:

$$f'(10) = -\frac{5}{4} \cdot 10^3 + 15 \cdot 10^2 = 250 > 0$$

$$f'(14) = -\frac{5}{4} \cdot 14^3 + 15 \cdot 14^2 = -490 < 0$$

Somit liegt an der Stelle $x = 12$ für f' ein (+/–)-Vorzeichenwechsel vor.

Alternativ:
Die hinreichende Bedingung wird mithilfe der 2. Ableitung überprüft:

$$f''(x) = -\frac{15}{4} x^2 + 30x$$

$$f''(12) = -\frac{15}{4} \cdot 12^2 + 30 \cdot 12 = -180 < 0 \quad \Rightarrow \quad \text{Maximum}$$

Die y-Koordinate des Hochpunktes ergibt sich durch Einsetzen von $x = 12$ in die Funktion f:

$$f(12) = -\frac{5}{16} \cdot 12^4 + 5 \cdot 12^3 = 2\,160$$

Damit ergibt sich für die Funktion f der Hochpunkt $(12 \mid 2\,160)$.

Aus der notwendigen Bedingung folgt ferner $f'(0) = 0$. Daher liegt im Punkt $(0 \mid 0)$ eine zur x-Achse parallele Tangente an den Graphen von f vor.

(2) Zunächst werden die Wendepunkte von f ermittelt.
Notwendige Bedingung:

$$\begin{aligned} f''(x) = 0 \quad &\Leftrightarrow \quad -\frac{15}{4} x^2 + 30x = 0 \\ &\Leftrightarrow \quad x\left(-\frac{15}{4} x + 30\right) = 0 \\ &\Leftrightarrow \quad x = 0 \text{ oder } x = 8 \end{aligned}$$

Falls f über Wendestellen verfügt, liegen diese bei $x = 0$ oder $x = 8$.

Hinreichende Bedingung:

$$f'''(x) = -\frac{15}{2} x + 30$$

$$f'''(0) = 30 \neq 0$$

$$f'''(8) = -30 \neq 0$$

Es liegen Wendestellen bei $x = 0$ oder $x = 8$ vor. Für die y-Koordinaten gilt:

$$f(0) = -\frac{5}{16} \cdot 0^4 + 5 \cdot 0^3 = 0$$

$$f(8) = -\frac{5}{16} \cdot 8^4 + 5 \cdot 8^3 = 1\,280$$

Die Wendepunkte sind $W_1(0 \mid 0)$ und $W_2(8 \mid 1\,280)$.

Für die Ermittlung der Geradengleichung der Geraden durch die beiden Wendepunkte kann man die Formel $\frac{y-y_1}{x-x_1}=\frac{y_2-y_1}{x_2-x_1}$ heranziehen. Es gilt:

$$\frac{y-0}{x-0}=\frac{1\,280-0}{8-0} \quad\Leftrightarrow\quad \frac{y}{x}=\frac{1\,280}{8} \quad\Leftrightarrow\quad \frac{y}{x}=160 \quad\Leftrightarrow\quad y=160x$$

Die Gerade durch die beiden Wendepunkte hat die Gleichung $y=160x$.

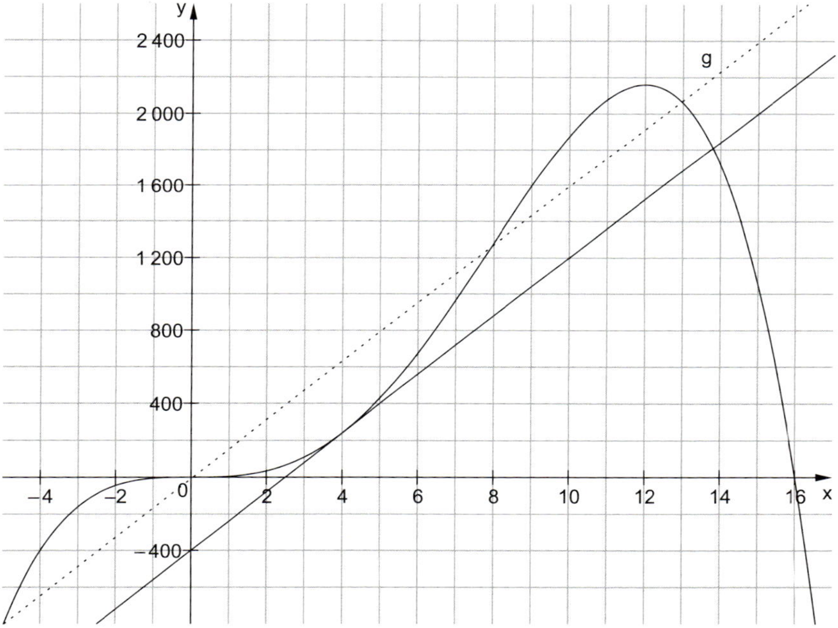

(3) In der nebenstehenden Abbildung ist ein mögliches Dreieck OBC eingezeichnet.

Die Formel für die Berechnung des Flächeninhalts eines Dreiecks lautet:

$A=\frac{1}{2}\cdot g\cdot h$

Wobei g die Grundlinie und h die Höhe des Dreiecks sind.

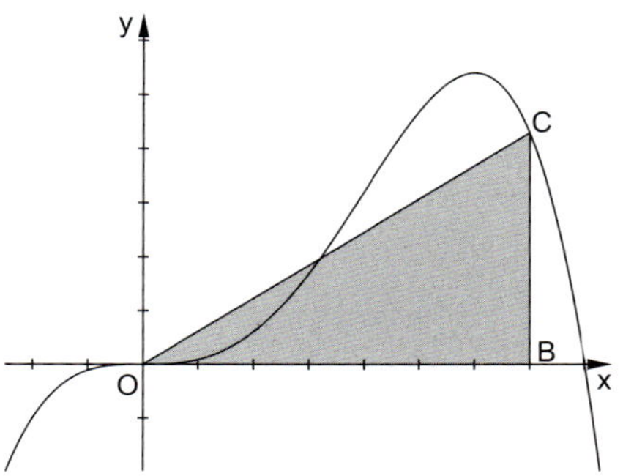

Die Grundlinie entspricht b, also der x-Koordinate des Punktes C. Die Höhe entspricht der y-Koordinate des Punktes C, also $f(b)=-\frac{5}{16}b^4+5b^3$.

Der Flächeninhalt des Dreiecks ist somit als Funktion von b darstellbar:

$$A(b) = \frac{1}{2} \cdot b \cdot \left(-\frac{5}{16} b^4 + 5b^3 \right) = -\frac{5}{32} b^5 + \frac{5}{2} b^4$$

Mittels CAS bzw. GTR ermittelt man das absolute Maximum von A im Intervall [0; 16] und erhält den Punkt (12,8 | 13 400).

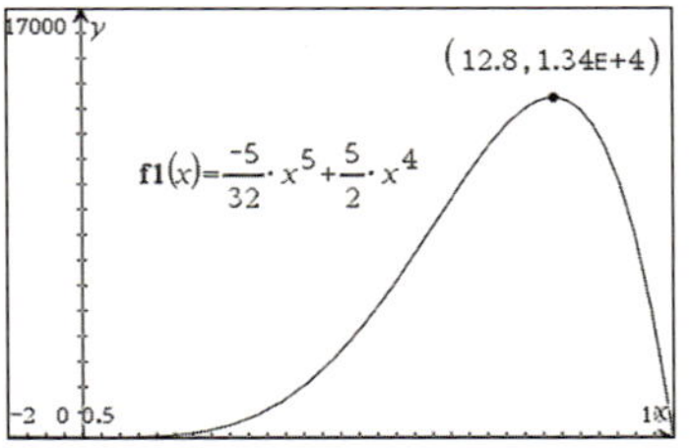

Für b = 12,8 erreicht das Dreieck OBC seinen maximalen Flächeninhalt von rund 13 400 Flächeneinheiten.

b) (1) Gegeben ist die Funktion h_a mit $a \in \mathbb{R}$ und $h_a(x) = 5ax^2$.

Die zu betrachtenden Funktionen lauten:

$h_4(x) = 5 \cdot 4 \cdot x^2 = 20x^2$

$h_3(x) = 5 \cdot 3 \cdot x^2 = 15x^2$

Es gilt:

$$h_4(x) = \frac{4}{3} \cdot h_3(x) = \frac{4 \cdot 15}{3} x^2 = 20x^2$$

Somit kann der Graph von h_4 durch Streckung des Graphen von h_3 um den Faktor $\frac{4}{3}$ in Richtung der y-Achse erzeugt werden.

(2) Es gilt:

$$(4 \mid f(4)) = \left(4 \;\middle|\; -\frac{5}{16} \cdot 4^4 + 5 \cdot 4^3\right) = (4 \mid 240)$$

Dieser Punkt soll auf dem Graphen von h_a liegen. Also muss gelten:

$$240 = 5a \cdot 4^2$$
$$240 = 80a$$
$$a = 3$$

Der gesuchte Wert ist $a = 3$.

(3) Durch die Gleichung $f(x) = h_{3,75}(x)$ werden die Schnittstellen der Funktion f(x) mit der Funktion $h_{3,75}(x)$ berechnet. Die Lösungen $x_1 = 0$, $x_2 = 6$ und $x_3 = 10$ sind die Schnittstellen der Graphen von f und $h_{3,75}$.

Somit schließen die beiden Graphen zwei Flächenstücke ein. In dem einen Intervall liegt der Graph von $h_{3,75}$ oberhalb des Graphen von f und im anderen ist es umgekehrt.

Da das Integral über $f(x) - h_{3,75}(x)$ im Intervall [0; 10] den Wert null hat, haben die beiden Flächenstücke den gleichen Flächeninhalt.

(4) Zu untersuchen ist der vertikale Abstand der Funktionen f und h_3 mit:

$f(x) = -\frac{5}{16} \cdot x^4 + 5 \cdot x^3$ und

$h_3(x) = 15 \cdot x^2$ im Intervall [0; 16]

Dieser Abstand wird beschrieben durch die Differenzfunktion d mit:

$d(x) = f(x) - h_3(x) = -\frac{5}{16} \cdot x^4 + 5 \cdot x^3 - 15x^2$

Gesucht sind diejenigen Stellen, an denen dieser Abstand 250 Längeneinheiten beträgt, für die also gilt $d(x) = 250$ bzw. $d(x) = -250$, da der Graph von f oberhalb und unterhalb vom Graphen von h_3 verlaufen kann.

Mit dem GTR bzw. CAS erhält man für $d(x) = 250$ die Lösungen $x_1 \approx 7{,}2$ und $x_2 \approx 11{,}1$.

Mit dem GTR bzw. CAS erhält man für $d(x) = -250$ die Lösung $x_3 \approx 12{,}6$. Die Lösung $x \approx -2{,}8$ liegt außerhalb des betrachteten Intervalls.

GTR

$d(x):=\frac{-5}{16}\cdot x^4+5\cdot x^3-15\cdot x^2$	*Fertig*
nSolve(d(x)=250,x)	7.2123
nSolve(d(x)=250,x)|x>10	11.0794
nSolve(d(x)=-250,x)	-2.81491
nSolve(d(x)=-250,x)|x>0	12.5879

CAS

$d(x):=\frac{-5}{16}\cdot x^4+5\cdot x^3-15\cdot x^2$	*Fertig*
solve(d(x)=250,x)	x=7.2123 or x=11.0794
solve(d(x)=-250,x)	x=-2.81491 or x=12.5879

Somit ergibt sich folgendes Ergebnis:
Für $x_1 \approx 7{,}2$ und $x_2 \approx 11{,}1$ sowie $x_3 \approx 12{,}6$ haben die Funktionsgraphen von f und h_3 einen vertikalen Abstand von 250 Längeneinheiten.

c) (1) Wenn der Punkt (4 | 240) auf dem Graphen von f liegt, bedeutet das im Sachkontext: 4 Stunden nach Beobachtungsbeginn beträgt die momentane Änderungsrate des Tankinhalts 240 kg pro Stunde. Da die Änderungsrate positiv ist, würde also der Tankinhalt bei Anhalten der momentanen Bedingungen um 240 kg pro Stunde zunehmen.

(2) Die Aussage ist falsch. Der zur Aufgabenstellung gehörenden Abbildung des Funktionsgraphen der Änderungsrate entnimmt man, dass die Änderungsrate zwölf Stunden nach Beobachtungsbeginn ein Maximum erreicht, aber weiterhin (noch für 4 Stunden) positiv ist. Der Tankinhalt nimmt also noch weiter zu.

(3) Die Entwicklung des Tankinhalts zwischen zwei Beobachtungszeiträumen ergibt sich durch das bestimmte Integral über die momentane Änderungsrate zwischen den Beobachtungszeiträumen:

$$\int_8^{10} f(x)\,dx = 3\,178$$

Zwischen den Zeitpunkten acht und zehn Stunden nach Beobachtungsbeginn hat der Tankinhalt um 3 178 kg zugenommen.

$f(x):=\frac{-5}{16}\cdot x^4+5\cdot x^3$	*Fertig*
$\int_8^{10} f(x)\,dx$	3178

(4) Die Änderung des Tankinhalts in dem 20 Stunden andauernden Beobachtungszeitraum beträgt:

$$\int_0^{20} f(x)\,dx = 0$$

$\int_0^{20} f(x)\,dx$	0

Am Ende des Beobachtungszeitraums ist folglich genauso viel Glyzerin im Tank wie zu Beginn, nämlich 1 200 kg.

Abiturprüfung 2021 Mathematik Grundkurs (Nordrhein-Westfalen)
Prüfungsteil B – Vektorielle Geometrie B3 (GTR/CAS)

Bei einem Secret-Sharing-Verfahren wird ein Geheimnis in Teilgeheimnisse auf verschiedene Personen aufgeteilt, um die Verantwortung in mehrere Hände zu legen. Es kann sinnvoll sein, dass ein geheimer Code, z. B. zum Öffnen eines Tresors, nicht einer Person allein bekannt ist, sondern lediglich von mehreren Personen gemeinsam ermittelt werden kann.

Unternehmen können ein solches Verfahren beispielsweise auf geometrischer Basis realisieren. Hierbei kann eine Auswahl von Mitarbeitenden mit Kenntnissen über notwendige Teilgeheimnisse den geheimen Code ermitteln, indem sie ihre Teilgeheimnisse in ein Computersystem eingeben, welches mit den Eingaben geometrische Fragestellungen löst.

Vereinfachend wird im Folgenden angenommen, dass der zu ermittelnde geheime Code immer aus drei Ziffern besteht.

Punkte

a) Das Computersystem kennt die Gerade g mit g: $\vec{x} = \begin{pmatrix} 1 \\ 3 \\ 4 \end{pmatrix} + t \cdot \begin{pmatrix} 4 \\ -2 \\ -1 \end{pmatrix}$, $t \in \mathbb{R}$.

Die Punkte $A(0|-3|-1)$, $B(4|2|1)$ und $C(1|-1|-1)$ liegen in einer Ebene H. Drei eingeweihte Mitarbeitende kennen als Teilgeheimnisse die Koordinaten von jeweils einem dieser Punkte. Der geheime Code wird durch die Koordinaten des Schnittpunktes S der Geraden g mit der Ebene H ermittelt.

(1) Die Koordinaten der Punkte A, B und C werden ins System eingegeben.
Berechnen Sie den geheimen Code. 5

(2) Der Punkt S liegt nicht auf der Geraden durch A und B. Ein vierter Mitarbeitender erhält den Punkt $D(12|12|5)$ als Teilgeheimnis. Der Punkt D liegt in der Ebene H.
Begründen Sie, warum bei der Eingabe der Koordinaten der Punkte A, B und D das System den geheimen Code trotzdem nicht ermitteln kann. 2

(3) Bestimmen Sie rechnerisch die Koordinaten eines von C und S verschiedenen Punktes E so, dass durch die Eingabe der Koordinaten der Punkte A, B und E der geheime Code ermittelbar ist. 3

b) Für ein $a \in \mathbb{R}$ ist die Gerade h_a: $\vec{x} = \begin{pmatrix} -7 \\ 8 \\ -1 \end{pmatrix} + s \cdot \begin{pmatrix} 3a \\ -7 \\ a \end{pmatrix}$, $s \in \mathbb{R}$, gegeben. Die Koordinaten des Schnittpunktes $S(5|1|3)$ der Geraden g aus a) mit der Geraden h_a sind der geheime Code.

(1) Bestimmen Sie $a \in \mathbb{R}$ so, dass sich g und h_a im Punkt S schneiden. 2

(2) Eingeweihte Mitarbeitende sollen als Teilgeheimnisse jeweils die Koordinaten eines von S verschiedenen Punktes erhalten, der auf der Geraden h_4 liegt.
Geben Sie die Koordinaten eines von $(-7|8|-1)$ und S verschiedenen Punktes P an, der als Teilgeheimnis geeignet ist. 1

c) Ein anderes Unternehmen verwendet als geheimen Code die ersten drei Nachkommastellen der ungerundeten Länge der Höhe $h_{\overline{IJ}}$ eines gleichschenkligen Dreiecks IJK mit der Basis $\overline{IJ}$.
Drei eingeweihte Mitarbeitende kennen als Teilgeheimnisse mit $I(4|3|2)$, $J(8|6|-1)$ und $K(6|5|1)$ jeweils die Koordinaten eines Eckpunktes des gleichschenkligen Dreiecks IJK.

(1) Zeigen Sie, dass I, J und K die Eckpunkte eines gleichschenkligen Dreiecks mit der Basis $\overline{IJ}$ sind. 2

(2) Berechnen Sie den geheimen Code. 3

(3) Ein weiterer Mitarbeitender soll die Koordinaten eines von K verschiedenen Punktes L erhalten, der wie K zusammen mit den Punkten I und J ein gleichschenkliges Dreieck IJL mit der Basis $\overline{IJ}$ bildet. Auch aus den Koordinaten von I, J und L soll sich in gleicher Weise wie oben beschrieben der in c) (2) berechnete geheime Code ergeben.
Ermitteln Sie rechnerisch die Koordinaten eines geeigneten Punktes L. 2

Hinweise und Tipps

Teilaufgabe a

(1) Stellen Sie mithilfe der Punkte A, B und C die Dreipunkteform der Ebenengleichung der Ebene H auf.

Stellen Sie mithilfe der Ebenen- und Geradengleichung ein Gleichungssystem auf.

Lösen Sie das Gleichungssystem (mit einem GTR/CAS).

Bestimmen Sie durch Einsetzen der berechneten Parameter den Ortsvektor des Schnittpunktes S.

Vergessen Sie nicht, den Code anzugeben.

(2) Stellen Sie mithilfe der Punkte A, B und D die Dreipunkteform der Ebenengleichung der Ebene H auf.

Fassen Sie die Spannvektoren so weit wie möglich zusammen. Welche Bedeutung hat die vereinfachte Vektorgleichung?

Beachten Sie, dass der Punkt S laut Aufgabenstellung nicht auf der Geraden durch die Punkte A und B liegt.

Alternativ: Stellen Sie die Geradengleichung durch die Punkte A und B auf.

Prüfen Sie, ob der Punkt D auf der Geraden durch die Punkte A und B liegt.

Beachten Sie, dass der Punkt S laut Aufgabenstellung nicht auf der Geraden durch die Punkte A und B liegt.

Alternativ: Führen Sie eine Punktprobe durch, ob der Punkt D in der Parameterform der Ebene H liegt.

Welche Bedeutung hat die Lösung?

Beachten Sie, dass der Punkt S laut Aufgabenstellung nicht auf der Geraden durch die Punkte A und B liegt.

(3) Benutzen Sie die Parameterform der Ebenengleichung der Ebene H, um einen weiteren Punkt der Ebene zu ermitteln.

Überprüfen Sie, ob der ermittelte Punkt nicht mit A, B, C und S übereinstimmt.

Teilaufgabe b

(1) Denken Sie daran, dass der Punkt S auf g liegt.

Welche Bedingung muss also erfüllt sein, damit sich g und eine Gerade der Schar schneiden?

Stellen Sie eine Vektorgleichung auf und lösen Sie das zugehörige Gleichungssystem.

(2) Geben Sie die Gleichung der Geraden h_4 an.

Ersetzen Sie in der Geradengleichung den Parameter durch eine reelle Zahl.

Überprüfen Sie, dass der ermittelte Punkt weder mit dem Anbindungspunkt der Geraden noch mit dem Schnittpunkt S übereinstimmt.

Teilaufgabe c

(1) Berechnen Sie die Seitenlängen der Dreiecksseiten $\overline{IK}$ und $\overline{JK}$.

(2) Beachten Sie, dass die Höhe und die Mittelsenkrechte zur Basis im gleichschenkligen Dreieck zusammenfallen.

Der Ortsvektor des Mittelpunktes M einer Strecke mit den Endpunkten P und Q berechnet sich nach der Formel $\vec{m} = \frac{1}{2} \cdot (\vec{p} + \vec{q})$.

Berechnen Sie den Ortsvektor des Mittelpunktes M_{IJ} der Strecke $\overline{IJ}$.

Die Länge der Höhe h_{IJ} ist gleich dem Abstand des Punktes K vom Mittelpunkt M_{IJ}.

Vergessen Sie nicht, den geheimen Code anzugeben.

(3) Spiegeln Sie das Dreieck an der Basis. Welche Punkte behalten hierbei ihre Lage bei?

Spiegeln Sie den Eckpunkt K an der Basis.

Lösung

a) Zunächst werden die Ortsvektoren der gegebenen Punkte und die Geradengleichung im GTR/CAS abgespeichert (Geradengleichung nur im CAS möglich).

$$oa:=\begin{bmatrix}0\\-3\\-1\end{bmatrix}:ob:=\begin{bmatrix}4\\2\\1\end{bmatrix}:oc:=\begin{bmatrix}1\\-1\\-1\end{bmatrix} \qquad \begin{bmatrix}1\\-1\\-1\end{bmatrix}$$

$$g:=\begin{bmatrix}1\\3\\4\end{bmatrix}+t\cdot\begin{bmatrix}4\\-2\\-1\end{bmatrix} \qquad \begin{bmatrix}4\cdot t+1\\3-2\cdot t\\4-t\end{bmatrix}$$

Damit die Schreibweise von Vektoren und Parametern nicht zu Schwierigkeiten bei der Rechnung mit dem GTR/CAS führt, werden die Ortsvektoren in der Form $\overrightarrow{OP}$ (Ortsvektor des Punktes P) geschrieben.

(1) Die Dreipunkteform der Ebenengleichung der Ebene H wird durch die Punkte A(0|−3|−1), B(4|2|1) und C(1|−1|−1) festgelegt.
Sie lautet:

CAS

$$e\_abc:=oa+r\cdot(ob-oa)+s\cdot(oc-oa) \qquad \begin{bmatrix}4\cdot r+s\\5\cdot r+2\cdot s-3\\2\cdot r-1\end{bmatrix}$$

$$H = E_{ABC}\colon\ \vec{x} = \vec{a} + r\cdot(\vec{b}-\vec{a}) + s\cdot(\vec{c}-\vec{a});\ \ r, s\in \mathbb{R}$$

$$H\colon\ \vec{x} = \begin{pmatrix}0\\-3\\-1\end{pmatrix} + r\cdot\left[\begin{pmatrix}4\\2\\1\end{pmatrix}-\begin{pmatrix}0\\-3\\-1\end{pmatrix}\right] + s\cdot\left[\begin{pmatrix}1\\-1\\-1\end{pmatrix}-\begin{pmatrix}0\\-3\\-1\end{pmatrix}\right]$$

$$= \begin{pmatrix}0\\-3\\-1\end{pmatrix} + r\cdot\begin{pmatrix}4\\5\\2\end{pmatrix} + s\cdot\begin{pmatrix}1\\2\\0\end{pmatrix};\ r, s\in \mathbb{R}$$

Der Schnittpunkt S wird durch Gleichsetzen der Ebenen- und der Geradengleichung bestimmt:

CAS

$$\text{solve}(e\_abc=g,\{r,s,t\}) \qquad r=2 \text{ and } s=-3 \text{ and } t=1$$

$$\begin{pmatrix}0\\-3\\-1\end{pmatrix} + r\cdot\begin{pmatrix}4\\5\\2\end{pmatrix} + s\cdot\begin{pmatrix}1\\2\\0\end{pmatrix} = \begin{pmatrix}1\\3\\4\end{pmatrix} + t\cdot\begin{pmatrix}4\\-2\\-1\end{pmatrix};\ r, s, t\in \mathbb{R}$$

Dies führt zu folgendem Gleichungssystem:

GTR

$$\text{linSolve}\left(\begin{cases}4\cdot r+s=1+4\cdot t\\-3+5\cdot r+2\cdot s=3-2\cdot t\\-1+2\cdot r=4-t\end{cases},\{r,s,t\}\right) \qquad \{2,-3,1\}$$

$$\begin{array}{ll}\text{I} & 4r+s=1+4t\\ \text{II} & -3+5r+2s=3-2t\\ \text{III} & -1+2r=4-t\end{array}$$

Lösen des Gleichungssystems mit einem GTR/CAS ergibt die Lösung r = 2, s = –3 und t = 1.

Durch Einsetzen von t = 1 in die Geradengleichung erhält man den Ortsvektor des Schnittpunktes S:

$$\vec{s} = \begin{pmatrix} 1 \\ 3 \\ 4 \end{pmatrix} + 1 \cdot \begin{pmatrix} 4 \\ -2 \\ -1 \end{pmatrix} = \begin{pmatrix} 5 \\ 1 \\ 3 \end{pmatrix}$$

$s:=g|t=1 \quad \begin{bmatrix} 5 \\ 1 \\ 3 \end{bmatrix}$

Der Schnittpunkt der Ebene H mit der Geraden g ist der Punkt S(5 | 1 | 3). Der geheime Code lautet somit 513.

(2) Mit den Ortsvektoren der Punkte A, B und D erhält man die Dreipunkteform der Ebenengleichung:

$$\vec{x} = \begin{pmatrix} 0 \\ -3 \\ -1 \end{pmatrix} + r \cdot \begin{pmatrix} 4 \\ 5 \\ 2 \end{pmatrix} + s \cdot \begin{pmatrix} 12 \\ 15 \\ 6 \end{pmatrix} = \begin{pmatrix} 0 \\ -3 \\ -1 \end{pmatrix} + r \cdot \begin{pmatrix} 4 \\ 5 \\ 2 \end{pmatrix} + 3s \cdot \begin{pmatrix} 4 \\ 5 \\ 2 \end{pmatrix}$$

$$= \begin{pmatrix} 0 \\ -3 \\ -1 \end{pmatrix} + (r + 3s) \cdot \begin{pmatrix} 4 \\ 5 \\ 2 \end{pmatrix} = \begin{pmatrix} 0 \\ -3 \\ -1 \end{pmatrix} + r' \cdot \begin{pmatrix} 4 \\ 5 \\ 2 \end{pmatrix}; \; r, r', s \in \mathbb{R}$$

Die Vektoren $\begin{pmatrix} 4 \\ 5 \\ 2 \end{pmatrix}$ und $\begin{pmatrix} 12 \\ 15 \\ 6 \end{pmatrix}$ sind linear abhängig. Der Punkt D liegt somit auf der Geraden g_{AB} durch die Punkte A und B. Da der Punkt S laut Aufgabenstellung nicht auf der Geraden g_{AB} liegt, kann das System den geheimen Code nicht ermitteln.

Alternativ:
Für die Gerade durch die Punkte A und B gilt:

$$g_{AB}\colon \vec{x} = \begin{pmatrix} 0 \\ -3 \\ -1 \end{pmatrix} + k \cdot \begin{pmatrix} 4 \\ 5 \\ 2 \end{pmatrix}, \; k \in \mathbb{R}$$

Es wird überprüft, ob der Punkt D auf der Geraden durch die Punkte A und B liegt:

$$\begin{pmatrix} 12 \\ 12 \\ 5 \end{pmatrix} = \begin{pmatrix} 0 \\ -3 \\ -1 \end{pmatrix} + k \cdot \begin{pmatrix} 4 \\ 5 \\ 2 \end{pmatrix} \quad \Rightarrow \quad k = 3$$

Der Punkt D liegt auf der Geraden durch die Punkte A und B. Daher wird durch die Punkte A, B und D nicht die Ebene H festgelegt. Somit kann auch der Schnittpunkt S nicht bestimmt werden.

Alternativ:
Überprüft man, ob der Punkt D in der Ebene H liegt, indem man den Ortsvektor des Punktes D in die Parameterform der Ebenengleichung von H einsetzt, so erkennt man anhand der Lösung r = 3 und s = 0, dass der Punkt D auf der Geraden durch die Punkte A und B liegt. Da der Punkt S nicht auf der Geraden liegt, kann das System den Code nicht ermitteln.

GTR

$od := \begin{bmatrix} 12 \\ 12 \\ 5 \end{bmatrix} \qquad \begin{bmatrix} 12 \\ 12 \\ 5 \end{bmatrix}$

$\text{linSolve}\left(\begin{cases} 4\cdot r+s=12 \\ 5\cdot r+2\cdot s-3=12 \\ 2\cdot r-1=5 \end{cases}, \{r,s\}\right) \qquad \{3,0\}$

CAS

$od := \begin{bmatrix} 12 \\ 12 \\ 5 \end{bmatrix} \qquad \begin{bmatrix} 12 \\ 12 \\ 5 \end{bmatrix}$

$\text{solve}(od=e\_abc, \{r,s\}) \qquad r=3 \text{ and } s=0$

(3) Ersetzt man in der Dreipunkteform der Ebene E_{ABC} den Parameter r durch eine beliebige reelle Zahl und den Parameter s durch eine reelle Zahl ungleich null (ansonsten liegt der Punkt E auf der Geraden durch die Punkte A und B), so erhält man den Ortsvektor des Punktes E.

$$\vec{e} = \begin{pmatrix} 0 \\ -3 \\ -1 \end{pmatrix} + 1 \cdot \begin{pmatrix} 4 \\ 5 \\ 2 \end{pmatrix} + (-1) \cdot \begin{pmatrix} 1 \\ 2 \\ 0 \end{pmatrix} = \begin{pmatrix} 3 \\ 0 \\ 1 \end{pmatrix}$$

Der Punkt E ist unterschiedlich zu den Punkten, A, B, C und S. Da $s \neq 0$ gewählt wurde, liegt der Punkt E auch nicht auf der Geraden durch A und B.

b) (1) Nach Aufgabenstellung liegt der Punkt S auf der Geraden g. Damit sich die Gerade g und eine Gerade der Geradenschar h_a im Punkt S schneiden, muss S auch auf der Geraden der Schar liegen.

Der Ortsvektor des Punktes S wird in die Gleichung der Schar eingesetzt:

$$\begin{pmatrix} 5 \\ 1 \\ 3 \end{pmatrix} = \begin{pmatrix} -7 \\ 8 \\ -1 \end{pmatrix} + s \cdot \begin{pmatrix} 3a \\ -7 \\ a \end{pmatrix}$$

Dadurch erhält man folgendes Gleichungssystem:

I $\quad 5 = -7 + s \cdot 3a$

II $\quad 1 = 8 - 7s \qquad \Rightarrow \quad s = 1$

III $\quad 3 = -1 + s \cdot a$

Einsetzen von $s = 1$ in Gleichung III ergibt:

$3 = -1 + 1 \cdot a \qquad \Rightarrow \quad a = 4$

Probe mit $a = 4$ und $s = 1$ in Gleichung I:

$5 = -7 + 1 \cdot 3 \cdot 4 \qquad$ (w)

Für $a = 4$ schneiden sich g und h_a im Punkt S.

(2) Es ist:

$$h_4\colon\ \vec{x} = \begin{pmatrix} -7 \\ 8 \\ -1 \end{pmatrix} + t \cdot \begin{pmatrix} 12 \\ -7 \\ 4 \end{pmatrix};\ t \in \mathbb{R}$$

Ersetzt man t durch eine reelle Zahl ungleich null, so erhält man einen weiteren Punkt der Geraden h_4.

Für t = 2 erhält man als Ortsvektor von P:

$$\vec{p} = \begin{pmatrix} -7 \\ 8 \\ -1 \end{pmatrix} + 2 \cdot \begin{pmatrix} 12 \\ -7 \\ 4 \end{pmatrix} = \begin{pmatrix} 17 \\ -6 \\ 7 \end{pmatrix}$$

Der Punkt P(17 | −6 | 7) ist ein weiterer Punkt der Geraden h_4. Er stimmt weder mit (−7 | 8 | −1) noch mit S überein.

c) (1) Berechnen der Seitenlängen des Dreiecks ergibt:

$$|\overline{IK}| = |\overrightarrow{IK}| = \left| \begin{pmatrix} 6 \\ 5 \\ 1 \end{pmatrix} - \begin{pmatrix} 4 \\ 3 \\ 2 \end{pmatrix} \right| = \left| \begin{pmatrix} 2 \\ 2 \\ -1 \end{pmatrix} \right|$$

$$= \sqrt{4+4+1} = 3\,[\text{LE}]$$

$$|\overline{JK}| = |\overrightarrow{JK}| = \left| \begin{pmatrix} 6 \\ 5 \\ 1 \end{pmatrix} - \begin{pmatrix} 8 \\ 6 \\ -1 \end{pmatrix} \right| = \left| \begin{pmatrix} -2 \\ -1 \\ 2 \end{pmatrix} \right|$$

$$= \sqrt{4+1+4} = 3\,[\text{LE}]$$

$oi := \begin{bmatrix} 4 \\ 3 \\ 2 \end{bmatrix} : oj := \begin{bmatrix} 8 \\ 6 \\ -1 \end{bmatrix} : ok := \begin{bmatrix} 6 \\ 5 \\ 1 \end{bmatrix}$ $\quad \begin{bmatrix} 6 \\ 5 \\ 1 \end{bmatrix}$

norm(oi−ok) 3

norm(oj−ok) 3

Die Dreiecksseiten $\overline{IK}$ und $\overline{JK}$ haben die gleiche Länge. Sie sind somit die Schenkel des Dreiecks und die Seite $\overline{IJ}$ ist die Basis des gleichschenkligen Dreiecks.

(2) Die Höhe und die Mittelsenkrechte zur Basis fallen im gleichschenkligen Dreieck zusammen.

Der Ortsvektor des Mittelpunktes M einer Strecke mit den Endpunkten P und Q berechnet sich nach folgender Formel:

$$\vec{m} = \frac{1}{2} \cdot (\vec{p} + \vec{q})$$

Daraus folgt für den Ortsvektor des Mittelpunktes der Strecke $\overline{IJ}$:

$$\vec{m}_{IJ} = \frac{1}{2} \cdot (\vec{i} + \vec{j}) = \frac{1}{2} \cdot \left[\begin{pmatrix} 4 \\ 3 \\ 2 \end{pmatrix} + \begin{pmatrix} 8 \\ 6 \\ -1 \end{pmatrix} \right] = \begin{pmatrix} 6 \\ 4{,}5 \\ 0{,}5 \end{pmatrix}$$

Die Länge der Höhe h_{IJ} ist gleich dem Abstand des Punktes K vom Mittelpunkt M_{IJ}.

$$|\overline{M_{IK}K}| = |\overrightarrow{M_{IK}K}|$$

$$= \left| \begin{pmatrix} 6 \\ 5 \\ 1 \end{pmatrix} - \begin{pmatrix} 6 \\ 4{,}5 \\ 0{,}5 \end{pmatrix} \right| = \left| \begin{pmatrix} 0 \\ 0{,}5 \\ -0{,}5 \end{pmatrix} \right|$$

$$= \sqrt{0{,}5} \approx 0{,}7071\,[\text{LE}]$$

$m\_ij := \frac{1}{2} \cdot (oi + oj)$ $\quad \begin{bmatrix} 6. \\ 4.5 \\ 0.5 \end{bmatrix}$

norm(ok−m_ij) 0.707107

Der geheime Code ist 707.

(3) Spiegelt man das Dreieck IJK an der Basis $\overline{IJ}$, so bleiben die Gleichschenkligkeit und die Länge der Höhe erhalten. Zur Spiegelung des Dreiecks muss, da die Mittelsenkrechte senkrecht auf der Basis steht, der Punkt K am Mittelpunkt M_{IJ} gespiegelt werden.

$$\vec{\ell} = \vec{k} + 2 \cdot \overrightarrow{KM_{IJ}} = \begin{pmatrix} 6 \\ 5 \\ 1 \end{pmatrix} + 2 \cdot \left[\begin{pmatrix} 6 \\ 4{,}5 \\ 0{,}5 \end{pmatrix} - \begin{pmatrix} 6 \\ 5 \\ 1 \end{pmatrix} \right]$$

$$= \begin{pmatrix} 6 \\ 5 \\ 1 \end{pmatrix} + 2 \cdot \begin{pmatrix} 0 \\ -0{,}5 \\ -0{,}5 \end{pmatrix}$$

$$= \begin{pmatrix} 6 \\ 5 \\ 1 \end{pmatrix} + \begin{pmatrix} 0 \\ -1 \\ -1 \end{pmatrix}$$

$$= \begin{pmatrix} 6 \\ 4 \\ 0 \end{pmatrix}$$

Alternativ:

$$\vec{\ell} = \overrightarrow{m_{IJ}} - \overrightarrow{M_{IJ}K} = \begin{pmatrix} 6 \\ 4{,}5 \\ 0{,}5 \end{pmatrix} - \left[\begin{pmatrix} 6 \\ 5 \\ 1 \end{pmatrix} - \begin{pmatrix} 6 \\ 4{,}5 \\ 0{,}5 \end{pmatrix} \right] = \begin{pmatrix} 6 \\ 4{,}5 \\ 0{,}5 \end{pmatrix} - \begin{pmatrix} 0 \\ 0{,}5 \\ 0{,}5 \end{pmatrix} = \begin{pmatrix} 6 \\ 4 \\ 0 \end{pmatrix}$$

Der Punkt L hat die Koordinaten $L(6\,|\,4\,|\,0)$.

Abiturprüfung 2021 Mathematik Grundkurs (Nordrhein-Westfalen) Prüfungsteil B – Stochastik B4 (GTR/CAS)

Im Jahr 2018 wurden in Nordrhein-Westfalen etwa 390 000 praktische Führerscheinprüfungen abgelegt. Der relative Anteil von bestandenen Prüfungen lag in dem Jahr bei etwa 70 %.

Punkte

a) Bei einer Fahrschulkette geht man am Standort Düsseldorf für das Jahr 2021 von insgesamt 250 praktischen Führerscheinprüfungen aus. Die Zufallsvariable X beschreibt die Anzahl unter diesen 250 praktischen Prüfungen, die bestanden werden. Es wird modellhaft angenommen, dass X binomialverteilt mit $p = 0{,}7$ ist.

(1) Ermitteln Sie für die folgenden Ereignisse jeweils die Wahrscheinlichkeit:
E1: „Es werden höchstens 160 praktische Prüfungen bestanden."
E2: „Es werden mindestens 80 % der praktischen Prüfungen bestanden."
E3: „Die Anzahl der bestandenen praktischen Prüfungen weicht um mindestens eine Standardabweichung vom Erwartungswert ab." 8

(2) Im Folgenden ist k eine ganze Zahl mit $0 \leq k \leq 250$.
(i) Bestimmen Sie für $k = 165$ die Wahrscheinlichkeit $P(X \geq k)$, dass mindestens k praktische Prüfungen bestanden werden.
(ii) Beschreiben Sie, wie sich die in (i) bestimmte Wahrscheinlichkeit ändert, wenn der Wert von k verändert wird.
(iii) Die Wahrscheinlichkeit für mindestens k bestandene praktische Prüfungen soll kleiner oder gleich 60 % sein.
Ermitteln Sie, wie groß k in diesem Fall mindestens gewählt werden muss. 6

b) Die Fahrschulkette plant für das Jahr 2022 die Eröffnung einer Filiale in Soest. Die Zentrale stellt als Anspruch an die Ausbildungsqualität, dass von den praktischen Prüfungen im Schnitt mindestens 70 % bestanden werden. Man prognostiziert für Soest, dass 200 praktische Prüfungen im Jahr 2022 abgelegt werden. Wenn davon mindestens 140 Prüfungen bestanden werden, will die Zentrale davon ausgehen, dass auch in Soest aufgrund der Ausbildungsqualität jede Prüfung mit einer Wahrscheinlichkeit von mindestens 70 % bestanden wird. Es wird modellhaft angenommen, dass die Anzahl Y der bestandenen Prüfungen unter den 200 prognostizierten Prüfungen binomialverteilt ist.

(1) Bestimmen Sie die Wahrscheinlichkeit, dass die Zentrale zu der Einschätzung kommt, dass in Soest jede Prüfung mit einer Wahrscheinlichkeit von mindestens 70 % bestanden wird, obwohl die Prüfungen tatsächlich nur mit einer Wahrscheinlichkeit von jeweils 65 % bestanden werden. 3

(2) Die Abbildung zeigt das Histogramm zu $P_{200;\,0,7}\,(Y=k)$, also für den Fall, dass $p=0{,}7$ gilt.

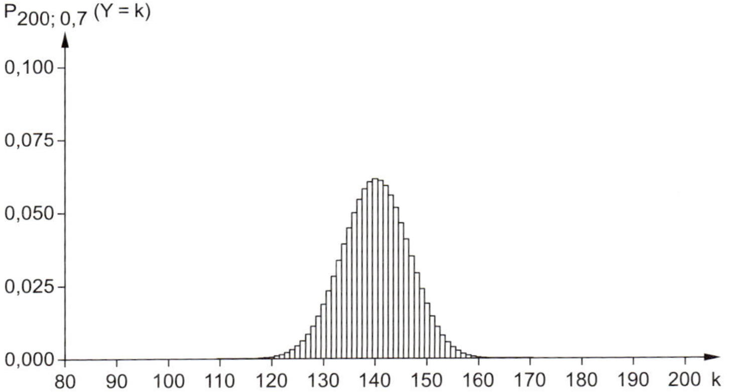

Abbildung

Falls von den 200 prognostizierten praktischen Prüfungen in Soest z. B. nur 130 bestanden werden, kommt die Zentrale zu der Einschätzung, dass in Soest jede Prüfung mit einer Wahrscheinlichkeit von weniger als 70 % bestanden wird.
Erklären Sie mithilfe des Histogramms, warum die Zentrale bei dieser Einschätzung einen Irrtum begangen haben könnte. 3

Hinweise und Tipps

Teilaufgabe a

In dieser Aufgabenstellung wird die Zufallsvariable X untersucht. Sie gibt die Anzahl der bestandenen praktischen Führerscheinprüfungen pro Jahr an. Die Grundgesamtheit ist $n = 250$ bei einer Bestehenswahrscheinlichkeit von $p = 0{,}7$. Der Einfachheit halber wird vorausgesetzt, dass X binomialverteilt ist.

(1) Berechnen Sie die Wahrscheinlichkeiten mit dem GTR bzw. CAS.

Berechnen Sie für E2 zuerst, wie viel 80 % von 250 sind. Verwenden Sie anschließend die Gegenwahrscheinlichkeit.

Ermitteln Sie für E3 zunächst den Erwartungswert $\mu = n \cdot p$ und die Standardabweichung $\sigma = \sqrt{n \cdot p \cdot (1-p)}$. Berechnen Sie dann die Wahrscheinlichkeiten $P(X \leq \mu - \sigma)$ und $P(X \geq \mu + \sigma)$ und addieren Sie die Werte.

(2) (i) Gesucht ist $P_{250;\,0,7}(X \geq 165)$.

Verwenden Sie die Gegenwahrscheinlichkeit.

(ii) Welche Auswirkungen hat eine Veränderung des Wertes von k auf die zu betrachtenden Wahrscheinlichkeitsbereiche?

(iii) Ermitteln Sie durch systematisches Probieren einen kleinsten Wert für k, sodass gilt: $P(X \geq k) \leq 0{,}6$

Führen Sie die Berechnung wieder über die Gegenwahrscheinlichkeit durch. Beginnen Sie bei $k = 170$.

Teilaufgabe b

(1) Zu berechnen ist $P_{200;\,0,65}(Y \geq 140)$.

(2) Betrachten Sie die Wahrscheinlichkeit für den Erwartungswert und seine Nachbarwerte.

Sie erkennen, dass auch vom Erwartungswert verschiedene Ergebnisse möglich sind.

Lösung

a) Die Zufallsgröße X gibt die Anzahl der bestandenen praktischen Führerscheinprüfungen an. Es wird angenommen, dass X binomialverteilt ist mit $p = 0{,}7$ und $n = 250$.

(1) Für das Ereignis E1 gilt:

$P_{250;\,0,7}(X \le 160) \approx 0{,}0240 = 2{,}4\,\%$

```
binomCdf(250,0.7,160)        0.024034
```

Für das Ereignis E2 wird zunächst berechnet, wie viel 80 % von 250 sind:

$80\,\% \cdot 250 = 0{,}8 \cdot 250 = 200$

Damit gilt:

$$P_{250;\,0,7}(X \ge 200) = 1 - P_{250;\,0,7}(X \le 199) \approx 0{,}0002 = 0{,}02\,\%$$

```
1-binomCdf(250,0.7,199)        0.000232
```

Für das Ereignis E3 werden zuerst der Erwartungswert und die Standardabweichung berechnet:

$\mu = n \cdot p = 250 \cdot 0{,}7 = 175$

$\sigma = \sqrt{n \cdot p \cdot (1-p)} = \sqrt{250 \cdot 0{,}7 \cdot 0{,}3} \approx 7{,}2457$

Somit ist folgende Wahrscheinlichkeit zu berechnen:

$$P_{250;\,0,7}(X \le 175-8) + P_{250;\,0,7}(X \ge 175+8)$$
$$= P_{250;\,0,7}(X \le 167) + P_{250;\,0,7}(X \ge 183)$$
$$= P_{250;\,0,7}(X \le 167) + 1 - P_{250;\,0,7}(X \le 182)$$
$$\approx 0{,}3005$$
$$= 30{,}05\,\%$$

```
◂Cdf(250,0.7,167)+1-binomCdf(250,0.7,182)
                                0.300544
```

(2) (i) Es gilt:

$$P_{250;\,0,7}(X \ge 165) = 1 - P_{250;\,0,7}(X \le 164) \approx 0{,}9251 = 92{,}51\,\%$$

```
1-binomCdf(250,0.7,164)        0.925067
```

(ii)

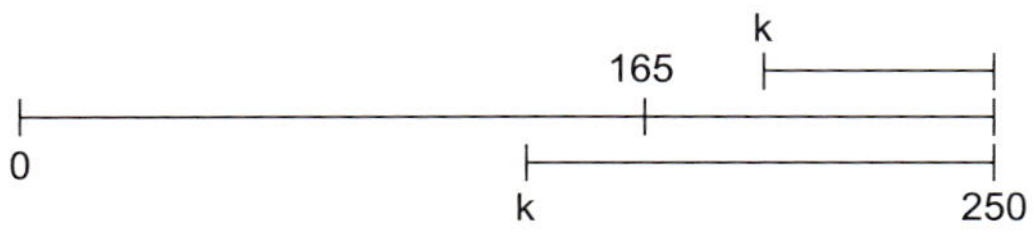

Wird der Wert von k größer (als 165), so wird das Intervall $(X \ge k)$ kleiner und entsprechend verringert sich die Wahrscheinlichkeit $P(X \ge k)$. Umgekehrt vergrößert sich die Wahrscheinlichkeit $P(X \ge k)$, wenn k verkleinert wird.

(iii) Es wird der kleinste Wert von k gesucht, für den die folgende Ungleichung erfüllt ist:

$$P_{250;\,0,7}(X \geq k) \leq 0,6 = 60\,\% \quad \Leftrightarrow \quad 1 - P_{250;\,0,7}(X < k) \leq 0,6$$
$$\Leftrightarrow \quad 1 - P_{250;\,0,7}(X \leq k-1) \leq 0,6$$
$$\Leftrightarrow \quad P_{250;\,0,7}(X \leq k-1) \geq 0,4$$

Durch systematisches Probieren mit dem GTR bzw. CAS erhält man:

$P_{250;\,0,7}(X \leq 172) \approx 0,3620$

$P_{250;\,0,7}(X \leq 173) \approx 0,4146$

binomCdf(250,0.7,172)	0.362031
binomCdf(250,0.7,173)	0.414586

Der Wert von $k-1$ muss mindestens 173 betragen. Also muss der Wert von k mindestens 174 sein.

b) (1) Die Zentrale geht von einer Bestehenswahrscheinlichkeit von mindestens 70 % aus, wenn in Soest mindestens 140 praktische Prüfungen bestanden werden. Dies ist der Fall gewesen, obwohl die Ausbildungsqualität nur bei einer Bestehensquote von 65 % liegt.

Die Wahrscheinlichkeit hierfür ist:

$P_{200;\,0,65}(Y \geq 140)$

$= 1 - P_{200;\,0,65}(Y \leq 139)$

$\approx 0,0783$

$= 7,83\,\%$

1−binomCdf(200,0.65,139)	0.0783

(2) Der Erwartungswert der binomialverteilten Zufallsgröße Y ist:
$\mu = 200 \cdot 0,7 = 140$

Man entnimmt dem Histogramm, dass das der Wert mit der größten Wahrscheinlichkeit ist. Aber auch den Nachbarwerten kommt eine vergleichsweise große Wahrscheinlichkeit zu, die wie im Fall $k = 130$ noch deutlich von null verschieden ist. Bei einer Bestehenswahrscheinlichkeit von 70 % sind also im Einzelfall auch geringe Erfolgsquoten möglich, ohne dass $p = 70\,\%$ dadurch infrage zu stellen ist.

Abiturprüfung 2021 Mathematik Grundkurs (Nordrhein-Westfalen)
Prüfungsteil B – Analysis B5 (GTR/CAS)

Die Abbildung zeigt modellhaft den Längsschnitt einer dreiteiligen Brücke aus Holz für eine Spielzeugeisenbahn. Die Züge können sowohl über die Brücke fahren als auch darunter hindurch.

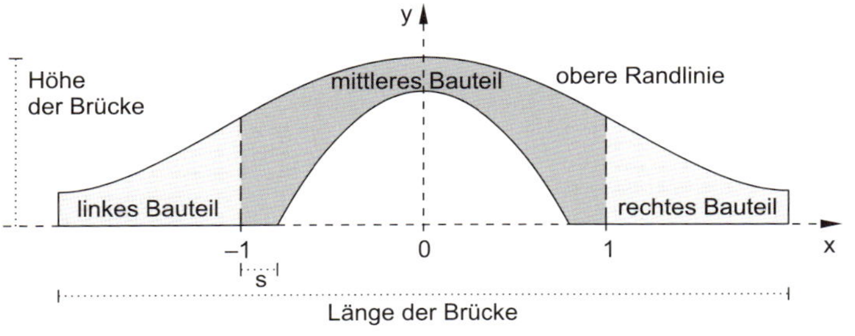

Abbildung

Die obere Randlinie des Längsschnitts der Brücke kann mithilfe des Graphen der in $\mathbb{R}$ definierten Funktion f mit $f(x) = \frac{1}{20}x^4 - \frac{2}{5}x^2 + 1$ beschrieben werden.

Dabei werden die Endpunkte dieser Randlinie durch die beiden Tiefpunkte des Graphen von f dargestellt. Im verwendeten Koordinatensystem beschreibt die x-Achse die Horizontale; eine Längeneinheit entspricht einem Dezimeter in der Realität.

Punkte

a) Begründen Sie, dass die obere Randlinie achsensymmetrisch zur y-Achse ist. 1

b) Bestimmen Sie rechnerisch die Höhe und die Länge der Brücke (vgl. Abbildung).
[Kontrolllösung: Ein Tiefpunkt des Graphen von f hat die x-Koordinate 2.] 5

c) Geben Sie die Bedeutung des Terms $\frac{f(2) - f(1)}{2 - 1}$ im Sachzusammenhang an und bestimmen Sie seinen Wert. 2

d) Bestimmen Sie die größte Steigung der Brücke, die beim Überfahren zu überwinden ist. 2

Der parabelförmige Teil der unteren Randlinie des Längsschnitts der Brücke kann mithilfe des Graphen einer in $\mathbb{R}$ definierten Funktion q_a mit $q_a(x) = 0{,}8 - a \cdot x^2$ mit $a \in \mathbb{R}$, $a > 0$ beschrieben werden.

e) In der Abbildung ist die Länge einer der beiden Bodenflächen des mittleren Bauteils mit s bezeichnet.
Bestimmen Sie den Wert von a, für den $s = 0{,}1$ dm gilt. 3

f) Begründen Sie im Sachzusammenhang, dass für die Beschreibung der unteren Randlinie beliebig große Werte von a nicht infrage kommen. 2

g) Für die Brücke gilt $a = 1{,}25$. Die drei Bauteile der Brücke werden aus massivem Holz hergestellt; 1 dm^3 des Holzes hat eine Masse von 800 Gramm. Die Brücke ist 0,4 dm breit.
Bestimmen Sie die Nullstellen von $q_{1,25}$ und ermitteln Sie die Masse des mittleren Bauteils. 5

Hinweise und Tipps

Teilaufgabe a

- Betrachten Sie für die Achsensymmetrie die Exponenten des Funktionsterms.

Teilaufgabe b

- Bestimmen Sie mithilfe der Ableitungen von f den Hoch- und die Tiefpunkte des Graphen.
- Die notwendige Bedingung für eine Extremstelle lautet: $f'(x) = 0$
- Die hinreichende Bedingung für ein Minimum lautet: $f'(x) = 0$ und $f''(x) > 0$
  Die hinreichende Bedingung für ein Maximum lautet: $f'(x) = 0$ und $f''(x) < 0$
- Beachten Sie, dass für die Höhe der Brücke die y-Koordinate des Hochpunktes berechnet werden muss.
- Die Länge der Brücke erhalten Sie durch die beiden x-Koordinaten der Tiefpunkte.

Teilaufgabe c

- Für zwei Punkte auf dem Graphen von f kann über den Differenzenquotienten $\frac{f(x_2) - f(x_1)}{x_2 - x_1}$ die mittlere Steigung bestimmt werden.

Teilaufgabe d

- Analysieren Sie mithilfe des CAS/GTR den Graphen der Ableitungsfunktion f'.
- Die größte Steigung findet man im Maximum von f'.

Teilaufgabe e

- Die Länge von s wird durch die Nullstelle der Funktion q_a bestimmt.
- Überlegen Sie, welchen Wert die Nullstelle x_0 von q_a haben muss, damit $s = 0{,}1$ dm.
- Ermitteln Sie mithilfe der Gleichung $q_a(x_0) = 0$ den Wert für a.

Teilaufgabe f

- Je größer der Wert von a, umso schmaler wird die Parabel.
- Beachten Sie, dass ein Zug unter der Brücke hindurchfahren muss.

Teilaufgabe g

- Die Nullstellen ergeben sich durch die Lösung der Gleichung $q_{1,25}(x)=0$.
- Bestimmen Sie mithilfe der beiden Funktionen f und $q_{1,25}$ die Längsschnittfläche (dunkelgrau) des mittleren Bauteils.
- Dazu muss die Fläche unterhalb des Graphen von f im Intervall [–1; 1] und die Fläche unterhalb des Graphen von $q_{1,25}$ zwischen den Nullstellen berechnet werden.
- Das Volumen des Bauteils (in dm^3) berechnet sich durch:
  $V_{\text{mittleres Bauteil}} = \text{Fläche} \cdot \text{Breite der Brücke}$
- Vergessen Sie nicht, die Masse des Bauteils zu berechnen.

Lösung

a) Es handelt sich bei der Funktion f um eine ganzrationale Funktion mit ausschließlich geraden Exponenten. Daher ist der Graph von f und somit die obere Randlinie achsensymmetrisch zur y-Achse.

b) Mithilfe der Ableitungen f' und f'' können mögliche Extremstellen bestimmt werden.

$f'(x) = \frac{1}{5}x^3 - \frac{4}{5}x$

$f''(x) = \frac{3}{5}x^2 - \frac{4}{5}$

Notwendige Bedingung für Extremstellen: $f'(x) = 0$:

$$
\begin{aligned}
& f'(x) = 0 \\
\Leftrightarrow\quad & \frac{1}{5}x^3 - \frac{4}{5}x = 0 \\
\Leftrightarrow\quad & \frac{1}{5}x(x^2 - 4) = 0 \\
\Leftrightarrow\quad & x_1 = 0 \vee x^2 - 4 = 0 \\
\Leftrightarrow\quad & x_1 = 0 \vee x_2 = 2 \vee x_3 = -2 \text{ sind mögliche Extremstellen}
\end{aligned}
$$

Hinreichende Bedingung für die Extremstelle: $f'(x) = 0$ und $f''(x) \neq 0$

$f''(0) = -\frac{4}{5} < 0$

Daraus folgt, dass bei $x_1 = 0$ ein Hochpunkt des Graphen von f vorliegt.

$f''(2) = f''(-2) = \frac{8}{5} > 0$

Daraus folgt, dass bei $x_2 = 2$ und $x_3 = -2$ die Tiefpunkte des Graphen von f vorliegen.

Alternativ:
Hinreichende Bedingung für Extremstellen: $f'(x) = 0$ und f' hat an der möglichen Extremstelle einen Vorzeichenwechsel.

$f'(-1) = \frac{3}{5} > 0$ und $f'(1) = -\frac{3}{5} < 0 \Rightarrow$ Vorzeichenwechsel

Daraus folgt, dass bei $x_1 = 0$ ein Hochpunkt des Graphen von f vorliegt.

$f'(-3) = -3 < 0$ und $f'(-1) = \frac{3}{5} > 0 \Rightarrow$ Vorzeichenwechsel

$f'(1) = -\frac{3}{5} < 0$ und $f'(3) = 3 > 0 \Rightarrow$ Vorzeichenwechsel

Daraus folgt, dass bei $x = 2$ und $x = -2$ die Tiefpunkte des Graphen von f vorliegen.

Die Höhe der Brücke ergibt sich aus der y-Koordinate des Hochpunktes. Aus $f(0) = 1$ ergibt sich eine Höhe von 1 dm.
Die Länge der Brücke erhält man aus dem Abstand der x-Koordinaten der beiden Tiefpunkte. Die Brücke ist damit 4 dm lang.

c) Mit dem Term $\frac{f(2)-f(1)}{2-1}$ wird der Differenzenquotient bestimmt.
Bezogen auf die Aufgabenstellung entspricht der Term der mittleren Steigung der oberen Randlinie im Intervall [1; 2].
Es gilt:

$$f(2) = \frac{1}{20} \cdot 2^4 - \frac{2}{5} \cdot 2^2 + 1 = \frac{1}{5}$$

$$f(1) = \frac{1}{20} \cdot 1^4 - \frac{2}{5} \cdot 1^2 + 1 = \frac{13}{20}$$

Daraus folgt:

$$\frac{f(2)-f(1)}{2-1} = \frac{\frac{1}{5} - \frac{13}{20}}{2-1} = -\frac{9}{20}$$

d) Die größte Steigung entspricht dem Maximum von f' im Intervall [–2; 2].
Analysiert man den Verlauf der Graphen von f' mit dem CAS/GTR im Intervall [–2; 2], so liefert dieser näherungsweise den Punkt (–1,15 | 0,616) als Hochpunkt von f'.

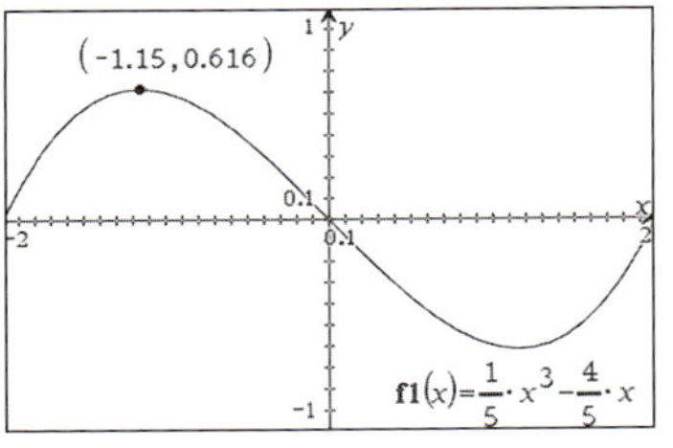

An der Stelle $x = -1{,}155$ liegt damit eine maximale Steigung im betrachteten Intervall [–2; 2] vor. Die maximale Steigung beträgt $f'(-1{,}155) \approx 0{,}616$.

Es ist damit eine maximale Steigung von 0,616 zu überwinden.

e) Anhand der Abbildung erkennt man, dass für die Länge der Bodenfläche s gilt: $s = 0{,}1$, wenn die Nullstelle von q_a bei $x = -0{,}9$ [bzw. bei 0,9] liegt.
Einsetzen von $x = -0{,}9$ in q_a ergibt:

$$q_a(-0{,}9) = 0{,}8 - a \cdot 0{,}81 = 0 \quad \Leftrightarrow \quad a = \frac{0{,}8}{0{,}81} = \frac{80}{81} \approx 0{,}988$$

Also ist für $a = 0{,}988$ die Länge $s = 0{,}1$ dm lang.

f) Je größer der Wert von a ist, desto schmaler wird der Graph von q_a und damit die Durchfahrt der Brücke.
Wird der Wert von a zu groß, kann kein Zug mehr hindurchfahren.

g) Die Nullstellen von $q_{1,25}$ ergeben sich aus:

$$q_{1,25}(x) = 0 \quad \Leftrightarrow \quad 0{,}8 - 1{,}25x^2 = 0$$
$$\Leftrightarrow \quad x^2 = \frac{0{,}8}{1{,}25} = 0{,}64$$
$$\Leftrightarrow \quad x = 0{,}8 \vee x = -0{,}8$$

Um das gesamte Volumen des mittleren Bauteils zu bestimmen, muss die Längsschnittfläche $A_{\text{mittleres Bauteil}}$ berechnet werden.

Dazu muss man die Fläche unterhalb des Graphen von f im Intervall [–1; 1] ermitteln. Davon wird die Fläche des Graphen von $q_{1,25}$ innerhalb der Nullstellen von $q_{1,25}$ subtrahiert.

Mit dem CAS/GTR erhält man:

$$\int_{-1}^{1} f(x)\,dx - \int_{-0{,}8}^{0{,}8} q_{1,25}(x)\,dx = 0{,}9$$

$q(x) := 0.8-1.25\cdot x^2$	*Fertig*
$\int_{-1}^{1} f(x)\,dx - \int_{-0.8}^{0.8} q(x)\,dx$	0.9

Damit beträgt die Längsschnittfläche $A_{\text{mittleres Bauteil}} = 0{,}9\ \text{dm}^2$.

Das Volumen des Bauteils berechnet sich durch:

$$\begin{aligned} V_{\text{mittleres Bauteil}} &= A_{\text{mittleres Bauteil}} \cdot \text{Breite der Brücke} \\ &= 0{,}9\ \text{dm}^2 \cdot 0{,}4\ \text{dm} \\ &= 0{,}36\ \text{dm}^3 \end{aligned}$$

Für die gesuchte Masse ergibt sich:

$$0{,}36\ \text{dm}^3 \cdot 800\ \frac{\text{g}}{\text{dm}^3} = 288\ \text{g}$$

Die Masse des mittleren Bauteils beträgt 288 g.

Abiturprüfung 2022 Mathematik Grundkurs (Nordrhein-Westfalen)
Prüfungsteil A3 – Aufgaben ohne Hilfsmittel

Punkte

a) Eine Funktion g ist gegeben durch die Gleichung
$g(x) = \frac{1}{3}x^3 - \frac{1}{2}x^2 - 6x + 5,\ x \in \mathbb{R}.$

(1) Geben Sie eine Funktionsgleichung der ersten Ableitung von g an. 1

(2) Berechnen Sie die Extremstellen von g und die Art der Extremstellen. 4

b) Gegeben sind die Funktionen f und g mit den Gleichungen
$f(x) = (x-3) \cdot e^x,\ x \in \mathbb{R},$
$g(x) = x - 3,\ x \in \mathbb{R}.$

Die Abbildung zeigt die Graphen der Funktionen f und g.

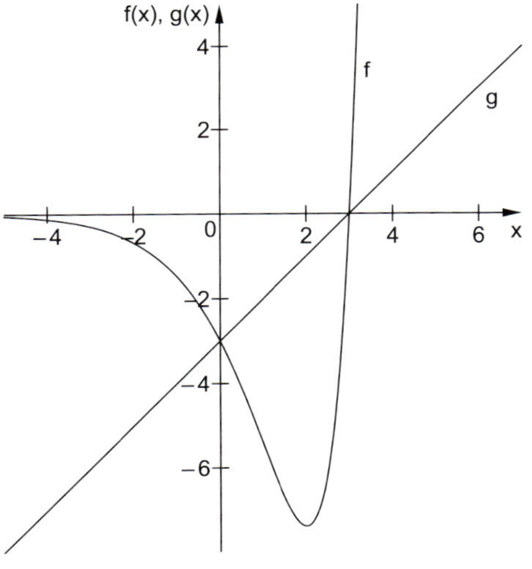

Abbildung

(1) Geben Sie die beiden Schnittstellen der Graphen der Funktionen f und g an. 1

(2) Zeigen Sie: $D(x) = (4-x) \cdot e^x + 0{,}5 \cdot x^2 - 3 \cdot x$ ist eine Stammfunktion der Funktion d mit $d(x) = g(x) - f(x) = (x-3) - (x-3) \cdot e^x$. 2

(3) Ermitteln Sie den Flächeninhalt der Fläche, die von den Graphen der Funktionen f und g eingeschlossen wird. 2

c) Gegeben ist die in $\mathbb{R}$ definierte Funktion f mit $f(x) = x^2$.
Bestimmen Sie diejenige reelle Zahl m mit $m < 0$, für die der Graph von f und die Gerade mit der Gleichung $y = m \cdot x$ eine Fläche mit dem Inhalt 36 einschließen. 5

d) Gegeben sind die Punkte $A(0|0|0)$, $B(8|6|0)$ und $C(4|3|z)$, wobei z eine positive reelle Zahl ist.

(1) Zeigen Sie, dass es sich beim Dreieck ABC um ein gleichschenkliges Dreieck mit der Basis $\overline{AB}$ handelt. 2

(2) Das Dreieck ABC hat den Flächeninhalt 35.
Bestimmen Sie den Wert von z. 3

e) Pia hat eine Dartscheibe geschenkt bekommen. Sie trifft im Mittel zu etwa 80 % die Dartscheibe. Die Zufallsgröße X: „Anzahl der Treffer beim Pfeilwurf auf die Dartscheibe" wird im Folgenden als binomialverteilt mit $p = 0{,}8$ angenommen.
Pia wirft genau 100-mal auf die Dartscheibe.

(1) Berechnen Sie den Erwartungswert und die Standardabweichung von X. 2

(2) Geben Sie einen Term zur Berechnung der Wahrscheinlichkeit an, dass Pia genau 80-mal die Dartscheibe trifft. 1

(3) Geben Sie einen Term zur Berechnung der Wahrscheinlichkeit an, dass sie mindestens einmal die Dartscheibe trifft, und begründen Sie anhand des Terms, dass diese Wahrscheinlichkeit nahezu 100 % beträgt. 2

Hinweise und Tipps

Teilaufgabe a

(1) Wenden Sie die Ableitungsregeln für ganzrationale Funktionen an.

(2) Lösen Sie die Gleichung $g'(x) = 0$.

Um die Art der Extremstellen zu ermitteln, wenden Sie das Vorzeichenwechselkriterium an oder verwenden Sie die zweite Ableitung von g.

Teilaufgabe b

(1) Beim Operator „angeben" muss die Lösung nicht rechnerisch ermittelt werden. Bei einer rechnerischen Lösung können folgende Hinweise beachtet werden.

Setzen Sie die Funktionsterme gleich.

Formen Sie die Gleichung durch Ausklammern von $(x-3)$ so um, dass ein Produkt vorliegt.

Beachten Sie, dass ein Produkt null wird, wenn mindestens ein Faktor null ist.

(2) Bestimmen Sie mithilfe der Ketten- und Produktregel die Ableitung von D.

(3) Bedenken Sie, dass die Fläche zwischen zwei Graphen durch die Differenzfunktion aus beiden Funktionstermen von f und g bestimmt wird.

Sie benötigen die Schnittstellen, die Sie in Teilaufgabe b (1) gefunden haben.

Teilaufgabe c

Bestimmen Sie die beiden Schnittstellen zwischen dem Graphen von f und der Geraden, indem Sie beide Funktionsterme gleichsetzen.

Überlegen Sie, ob der Graph der Geraden zwischen den Schnittstellen für $m < 0$ oberhalb oder unterhalb des Graphen von f verläuft.

Erstellen Sie einen Term in Abhängigkeit von der Variablen m. Bestimmen Sie dazu mithilfe des Integrals die eingeschlossene Fläche zwischen beiden Funktionen.

Berücksichtigen Sie, dass der Flächeninhalt 36 FE betragen soll.

Teilaufgabe d

(1) Wenn $\overline{AB}$ die Basis ist, dann sind $\overline{AC}$ und $\overline{BC}$ die Schenkel des Dreiecks.

Berechnen Sie den Betrag der Vektoren $\overrightarrow{AC}$ und $\overrightarrow{BC}$ in Abhängigkeit vom Parameter z.

(2) Berechnen Sie zunächst den Mittelpunkt M der Strecke $\overline{AB}$ und bestimmen Sie den Vektor $\overrightarrow{MC}$ mit dem Parameter z.

Stellen Sie den Flächeninhalt des Dreiecks ABC mithilfe der Vektoren $\overrightarrow{AB}$ und $\overrightarrow{MC}$ dar.

Berücksichtigen Sie, dass der Flächeninhalt des Dreiecks 35 betragen soll und erstellen Sie eine passende Gleichung.

Teilaufgabe e

(1) Bestimmen Sie die Größen der Parameter n und p und ermitteln Sie den Erwartungswert und die Standardabweichung mit den passenden Formeln.

(2) Wählen Sie die Parameter n, p und X einer Binomialverteilung passend und setzen Sie diese in den Funktionsterm einer Binomialverteilung ein.

(3) Überlegen Sie zunächst, wie groß die Wahrscheinlichkeit ist, dass Pia bei 100 Würfen keinmal trifft.

Stellen Sie den Term auf, indem Sie die Gegenwahrscheinlichkeit verwenden.

Betrachten Sie den Wert von $0{,}2^{100}$. Wie groß ist er etwa?

Lösung

a) (1) Es ist:

$g'(x) = x^2 - x - 6$

(2) Die notwendige Bedingung für Extremstellen lautet: $g'(x) = 0$

$$g'(x) = x^2 - x - 6 = 0 \quad \Leftrightarrow \quad x_{1/2} = \frac{1}{2} \pm \sqrt{\left(\frac{-1}{2}\right)^2 + 6}$$

$$\Leftrightarrow \quad x_{1/2} = \frac{1}{2} \pm \sqrt{\frac{25}{4}}$$

$$\Leftrightarrow \quad x_{1/2} = \frac{1}{2} \pm \frac{5}{2}$$

$$\Leftrightarrow \quad x_1 = \frac{1}{2} + \frac{5}{2} = 3 \ \vee \ x_2 = \frac{1}{2} - \frac{5}{2} = -2$$

Aus der notwendigen Bedingung ergeben sich als mögliche Extremstellen $x_1 = 3$ und $x_2 = -2$.

Wendet man das Vorzeichenwechselkriterium an, so ergibt sich:

$g'(0) = -6 < 0$

$g'(4) = 4^2 - 4 - 6 = 6 > 0$

Daraus folgt, dass an der Stelle $x_1 = 3$ ein lokales Minimum vorliegt.

$g'(-3) = (-3)^2 - (-3) - 6 = 6 > 0$

$g'(0) = -6 < 0$

Daraus folgt, dass an der Stelle $x_2 = -2$ ein lokales Maximum vorliegt.

Alternativ:
$g''(x) = 2 \cdot x - 1$
Aus $g''(3) = 5 > 0$ und $g''(-2) = -5 < 0$ folgt mit der hinreichenden Bedingung, dass an der Stelle $x_1 = 3$ ein lokales Minimum und an der Stelle $x_2 = -2$ ein lokales Maximum vorliegt.

b) (1) Die Schnittstellen können aus der Zeichnung abgelesen werden:
$x_1 = 3$ und $x_2 = 0$

Alternativ:
Setzt man die Funktionen f und g gleich, so ergibt sich:

$$\begin{aligned} f(x) = g(x) \quad &\Leftrightarrow \quad (x-3) \cdot e^x = x - 3 \\ &\Leftrightarrow \quad (x-3) \cdot e^x - (x-3) = 0 \\ &\Leftrightarrow \quad (x-3) \cdot (e^x - 1) = 0 \\ &\Leftrightarrow \quad x_1 = 3 \quad \vee \quad x_2 = 0 \end{aligned}$$

Die Graphen der Funktionen f und g schneiden sich an den Stellen $x_1 = 3$ und $x_2 = 0$.

(2) Die Ableitung von D wird mithilfe der Ketten- und Produktregel gebildet:

$$\begin{aligned} D'(x) &= -1 \cdot e^x + (4-x) \cdot e^x + x - 3 \\ &= (-1 + 4 - x) \cdot e^x + x - 3 \\ &= (3 - x) \cdot e^x + x - 3 \\ &= (x-3) - (x-3) \cdot e^x \\ &= g(x) - f(x) \\ &= d(x) \end{aligned}$$

(3) Der positiv orientierte Flächeninhalt, der von den Graphen f und g eingeschlossen wird, berechnet sich durch die Differenzfunktion von f und g. Da der Graph von g in diesem Bereich oberhalb des Graphen von f liegt, kann die Funktion $d(x) = g(x) - f(x)$ verwendet werden. Die Integrationsgrenzen sind die Schnittstellen der Graphen von g und f aus Teilaufgabe b (1):

$$\begin{aligned} \int_0^3 g(x) - f(x)\,dx = \int_0^3 d(x)\,dx &= [D(x)]_0^3 \\ &= D(3) - D(0) \\ &= [(4-3) \cdot e^3 + 0{,}5 \cdot 3^2 - 3 \cdot 3] - [(4-0) \cdot e^0 + 0{,}5 \cdot 0^2 - 3 \cdot 0] \\ &= (e^3 + 0{,}5 \cdot 9 - 9) - 4 \cdot e^0 \\ &= e^3 - 8{,}5 \end{aligned}$$

c) Um die Schnittstellen des Graphen von f und der Geraden zu bestimmen, muss man die beiden Funktionsterme gleichsetzen.
$x^2 = mx \quad \Leftrightarrow \quad x^2 - mx = 0 \quad \Leftrightarrow \quad x \cdot (x - m) = 0 \quad \Leftrightarrow \quad x_1 = 0 \quad \vee \quad x_2 = m$

Da $m < 0$ und für negative m der Graph der Geraden innerhalb der Schnittpunkte oberhalb des Graphen von f verläuft, lässt sich die eingeschlossene Fläche wie folgt bestimmen:

$$\int_m^0 (mx - x^2)\,dx = \left[\frac{1}{2} \cdot m \cdot x^2 - \frac{1}{3} \cdot x^3\right]_m^0$$

$$= 0 - \left(\frac{1}{2} \cdot m^3 - \frac{1}{3} \cdot m^3\right)$$

$$= -\frac{3}{6} \cdot m^3 + \frac{2}{6} \cdot m^3$$

$$= -\frac{1}{6} \cdot m^3$$

Der gesuchte Flächeninhalt soll 36 FE betragen:

$$-\frac{1}{6} m^3 = 36 \quad \Leftrightarrow \quad m = -6$$

Für $m = -6$ beträgt der beschriebene Flächeninhalt 36 FE.

d) (1) Es werden die Längen der Schenkel $\overline{AC}$ und $\overline{BC}$ berechnet:

$$|\overrightarrow{AC}| = \left|\begin{pmatrix} 4 \\ 3 \\ z \end{pmatrix}\right| = \sqrt{16 + 9 + z^2} = \sqrt{25 + z^2}$$

$$|\overrightarrow{BC}| = \left|\begin{pmatrix} -4 \\ -3 \\ z \end{pmatrix}\right| = \sqrt{16 + 9 + z^2} = \sqrt{25 + z^2}$$

Beide Terme sind identisch. Damit sind die Seiten $\overline{AC}$ und $\overline{BC}$ des Dreiecks gleich lang und es ist gleichschenklig mit der Basis $\overline{AB}$.

(2) Die Koordinaten des Mittelpunktes der Strecke $\overline{AB}$ berechnen sich durch:

$$M\left(\frac{0+8}{2} \middle| \frac{0+6}{2} \middle| \frac{0+0}{2}\right) = M(4|3|0)$$

$$\overrightarrow{MC} = \begin{pmatrix} 4-4 \\ 3-3 \\ z-0 \end{pmatrix} = \begin{pmatrix} 0 \\ 0 \\ z \end{pmatrix}$$

Mit der Grundseite $g = |\overrightarrow{AB}|$ und der Höhe $h = |\overrightarrow{MC}|$ gilt für den Flächeninhalt des Dreiecks ABC:

$$A = \frac{1}{2} \cdot |\overrightarrow{AB}| \cdot |\overrightarrow{MC}| = \frac{1}{2} \cdot \left|\begin{pmatrix} 8 \\ 6 \\ 0 \end{pmatrix}\right| \cdot \left|\begin{pmatrix} 0 \\ 0 \\ z \end{pmatrix}\right| = \frac{1}{2} \cdot \sqrt{64 + 36} \cdot z = \frac{1}{2} \cdot \sqrt{100} \cdot z = 5z$$

Der gesuchte Flächeninhalt soll 35 betragen:

$$5z = 35 \quad \Leftrightarrow \quad z = 7$$

Für $z = 7$ beträgt der Flächeninhalt des Dreiecks ABC 35.

e) (1) Es handelt sich um eine Binomialverteilung mit $n = 100$, $p = 0{,}8$ und $1 - p = 0{,}2$.

Für den Erwartungswert gilt:
$E(X) = n \cdot p = 100 \cdot 0{,}8 = 80$

Für die Standardabweichung gilt:
$\sigma(X) = \sqrt{n \cdot p \cdot (1-p)} = \sqrt{100 \cdot 0{,}8 \cdot 0{,}2} = \sqrt{16} = 4$

(2) Es gilt: $n = 100$, $p = 0{,}8$ und $X = 80$
Eingesetzt in den Term für die Binomialverteilung ergibt sich:
$\binom{100}{80} \cdot 0{,}8^{80} \cdot 0{,}2^{20}$

(3) Die Wahrscheinlichkeit, bei 100 Versuchen keinen Treffer zu erzielen, berechnet sich durch:
$P(X = 0) = 0{,}2^{100}$
Damit ergibt sich für die Wahrscheinlichkeit, mindestens einen Treffer zu erzielen:
$P(X \geq 1) = 1 - P(X = 0) = 1 - 0{,}2^{100}$

Die Zahl $0{,}2^{100}$ ist „sehr klein“, daher gilt:
$1 - 0{,}2^{100} \approx 1 = 100\ \%$

Gegeben ist die Funktion f mit der Gleichung $f(x) = 9 \cdot x \cdot e^{-1{,}5 \cdot x}$, $x \in \mathbb{R}$.
Der Graph der Funktion f ist in Abbildung 1 dargestellt.

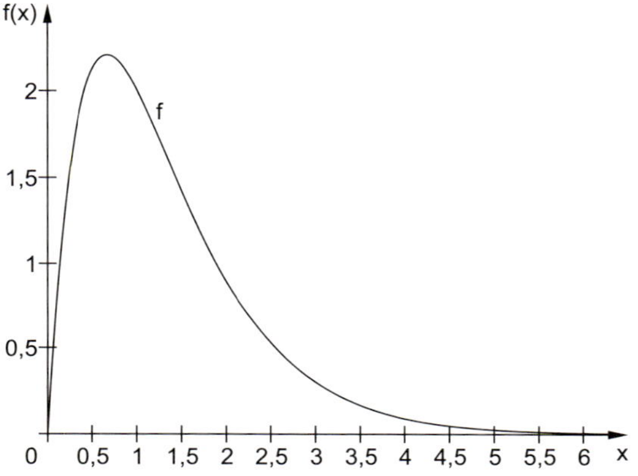

Abbildung 1

Punkte

a) (1) Begründen Sie, dass die Funktion f nur eine Nullstelle besitzt. 2

(2) Untersuchen Sie den Graphen von f rechnerisch auf lokale Extrempunkte. 5

(3) Der Graph der Funktion f hat genau einen Wendepunkt.
Ermitteln Sie die Koordinaten des Wendepunktes. 2

(4) Ermitteln Sie, an welchen Stellen im Intervall [0; 6] der Graph der Funktion f die größte bzw. die kleinste Steigung hat. 3

b) Der Graph der Funktion f, die x-Achse und die Gerade mit der Gleichung $x = 6$ schließen die Fläche A ein.

(1) Ermitteln Sie den Inhalt der Fläche A. 2

(2) Für jedes $0 < u \leq 6$ sind $O(0\,|\,0)$, $P(6\,|\,0)$ und $Q_u(u\,|\,f(u))$ die Eckpunkte eines Dreiecks.

(i) Zeichnen Sie das Dreieck OPQ_u mit $u = 2$ in Abbildung 1 ein.

(ii) Begründen Sie, dass sich der Flächeninhalt des Dreiecks OPQ_u in Abhängigkeit von u mit der Gleichung $A_{OPQ_u}(u) = 3 \cdot f(u)$ berechnen lässt.

(iii) Begründen Sie ohne weitere Rechnung, für welchen Wert von u der Flächeninhalt des Dreiecks OPQ_u maximal wird.

(iv) Bestimmen Sie alle Werte von u, für die das Dreieck OPQ_u einen Flächeninhalt von 4 Flächeneinheiten hat. 7

c) Für ein z mit $\frac{2}{3} < z < \frac{4}{3}$ ist der Punkt $R(z \mid f(z))$ gegeben. Der Graph der Funktion t ist die Tangente an den Graphen von f im Punkt R. Für $x < z$ wird der Graph von f betrachtet. Für $x \geq z$ wird der Graph von t betrachtet. Abbildung 2 veranschaulicht diese Situation für das Beispiel $z = 0{,}9$.
Die betrachteten Graphen der Funktionen f und t schließen mit der x-Achse die in Abbildung 2 grau dargestellte Fläche ein. Der Wert von z kann mithilfe der folgenden Bedingungen so bestimmt werden, dass diese Fläche einen Flächeninhalt von 4 Flächeneinheiten hat:

I: $t(z) = f(z)$

II: $t'(z) = f'(z)$

III: $\int_0^z f(x)\,dx + \int_z^c t(x)\,dx = 4$, wobei c die Nullstelle von t ist.

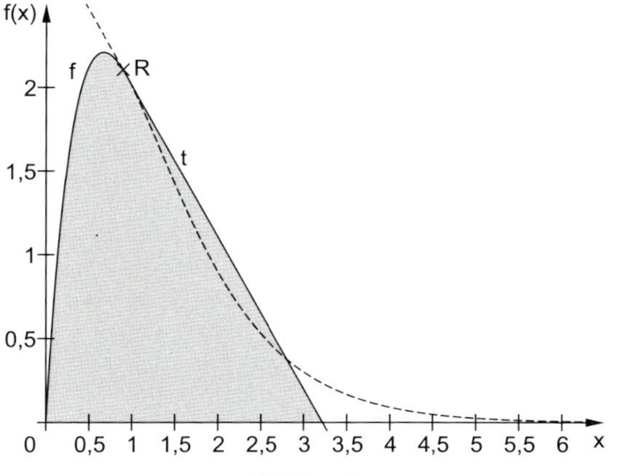

Abbildung 2

(1) (i) Begründen Sie die Wahl der Bedingungen I und II.

(ii) Erläutern Sie die linke Seite der Gleichung in Bedingung III. 4

(2) Aus den Bedingungen folgt $z \approx 0{,}9428$. [Nachweis nicht erforderlich.]

(i) Bestimmen Sie für $z = 0{,}9428$ rechnerisch eine Gleichung der Funktion t, deren Graph die Tangente an den Graphen von f im Punkt $R(z \mid f(z))$ ist.

(ii) Ermitteln Sie die Nullstelle dieser Funktion t. 4

d) Für $k > 0$ ist die Funktion j mit der Gleichung $j(x) = 4 \cdot k^2 \cdot x \cdot e^{-k \cdot x}$ für $x \in \mathbb{R}$ gegeben.
Setzt man $k = 1{,}5$ in den Funktionsterm von j ein, so erhält man den Funktionsterm von f.
Setzt man $k = 2{,}6$ in den Funktionsterm von j ein, so erhält man den Funktionsterm der Funktion g mit $g(x) = 4 \cdot 2{,}6^2 \cdot x \cdot e^{-2{,}6 \cdot x}$.

(1) Die Graphen der Funktionen f und g schneiden sich nur im Koordinatenursprung und in einem weiteren Punkt S.

(i) Bestimmen Sie die Koordinaten des Hochpunkts des Graphen von g und des Schnittpunkts S der Graphen von f und g.

(ii) Skizzieren Sie mithilfe dieser Punkte den Graphen der Funktion g in Abbildung 3. 5

(2) Setzt man einen bestimmten Wert von k in den Funktionsterm von j ein, so erhält man den Funktionsterm der Funktion h, deren Graph in Abbildung 3 dargestellt ist.
Geben Sie ohne weitere Rechnung einen Schätzwert für diesen Wert von k an. 1

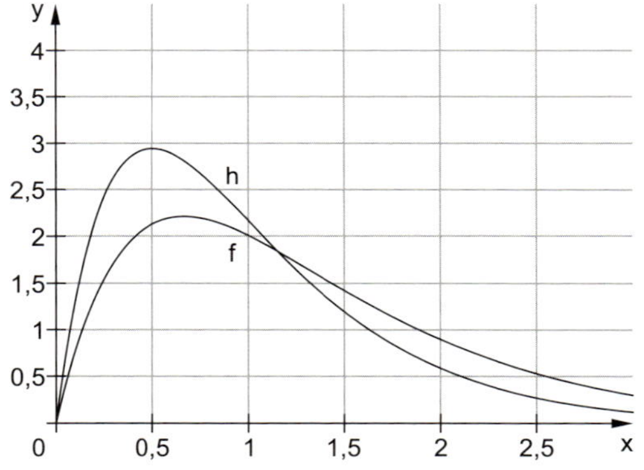

Abbildung 3

Hinweise und Tipps

Teilaufgabe a

(1) Setzen Sie den Funktionsterm gleich null.

Beachten Sie, dass $e^x \neq 0$ gilt.

(2) Die notwendige Bedingung für eine Extremstelle ist $f'(x)=0$.

Bestimmen Sie die Ableitung mithilfe der Produkt- und Kettenregel.

Die hinreichende Bedingung für eine Extremstelle ist $f'(x)=0 \wedge f''(x)\neq 0$.

Alternativ: Die hinreichende Bedingung für eine Extremstelle ist $f'(x)=0$ und an der möglichen Extremstelle tritt ein Vorzeichenwechsel bei der Ableitung auf.

Berechnen Sie den Funktionswert an der Extremstelle.

(3) Die notwendige Bedingung für eine Wendestelle ist $f''(x)=0$.

Beachten Sie, dass es nach Aufgabenstellung nur eine Wendestelle gibt.

Berechnen Sie den Funktionswert an der Wendestelle.

(4) An welchen Stellen kann die Steigung maximal bzw. minimal werden?

Berechnen Sie die Steigungen an diesen Stellen.

Teilaufgabe b

(1) Welcher Zusammenhang besteht zwischen dem Flächeninhalt einer Fläche, wenn der Graph der Funktion oberhalb der x-Achse verläuft, und dem bestimmten Integral?

(2) (i) Zeichnen Sie die Punkte in die Abbildung ein und verbinden Sie diese.

(ii) Der Flächeninhalt eines Dreiecks mit der Grundseite g und der Höhe h berechnet sich nach der Formel $A=\frac{1}{2}\cdot g\cdot h$.

Wählen Sie als Grundseite des Dreiecks die Strecke $\overline{OP}$ und als Höhe des Dreiecks die Lotstrecke von Q_u auf die x-Achse.

(iii) Beachten Sie, dass der Flächeninhalt des Dreiecks dem Dreifachen des Funktionswertes der Funktion f an der Stelle $x=u$ entspricht.

Überlegen Sie, was dies für das Maximum des Flächeninhalts bedeutet.

(iv) Setzen Sie den Flächeninhalt gleich dem vorgegebenen Flächeninhalt und lösen Sie die Gleichung mit dem CAS.

Teilaufgabe c

(1) (i) Vergleichen Sie die Bedingungen I und II mit Abbildung 2 im Punkt R.

(ii) Unterteilen Sie die graue Fläche in Abbildung 2 durch das Lot von R auf die x-Achse.

Vergleichen Sie die Flächeninhalte der Teilflächen mit dem Term auf der linken Seite der Gleichung.

(2) (i) Beachten Sie Bedingung I und II.

Die Tangente hat die allgemeine Form der Geradengleichung $y = m \cdot x + n$.

Bestimmen Sie die Gleichung der Tangente an der vorgegebenen z-Stelle.

(ii) In der Nullstelle der Tangente t ist der Funktionswert gleich null.

Teilaufgabe d

(1) (i) Bestimmen Sie den Hochpunkt bzw. den Schnittpunkt grafisch.

(ii) Tragen Sie die bekannten Punkte ein und beachten Sie das Grenzwertverhalten des Graphen der Funktion.

(2) Vergleichen Sie die Lage der Hochpunkte miteinander.

Lösung

a) (1) An der Nullstelle ist der Funktionswert gleich null.

$$9x \cdot e^{-1,5x} = 0 \quad \big| : (9 \cdot e^{-1,5x}) \neq 0$$
$$x = 0$$

Die einzige Nullstelle ist $x = 0$.

(2) Die notwendige Bedingung für eine Extremstelle ist $f'(x) = 0$.
Eine Ableitung mithilfe der Produkt- und Kettenregel ergibt:

$$f'(x) = 9 \cdot e^{-1,5x} + 9x \cdot (-1,5) \cdot e^{-1,5x} = 9 \cdot e^{-1,5x} \cdot (1 - 1,5x)$$

Es gilt:

$$9 \cdot e^{-1,5x} \cdot (1 - 1,5x) = 0 \quad \big| : (9 \cdot e^{-1,5x}) \neq 0$$
$$1 - 1,5x = 0$$
$$x = \frac{2}{3}$$

Die hinreichende Bedingung für eine Extremstelle ist $f'(x) = 0 \wedge f''(x) \neq 0$.

$$f''(x) = 9 \cdot (-1,5) \cdot e^{-1,5x} + 9 \cdot (1 - 1,5x) \cdot (-1,5) \cdot e^{-1,5x}$$
$$= -13,5 \cdot e^{-1,5x} \cdot (1 + 1 - 1,5x)$$
$$= -13,5 \cdot e^{-1,5x} \cdot (2 - 1,5x)$$

$$f''\left(\frac{2}{3}\right) = -13,5 \cdot e^{-1} \cdot (2 - 1) = -13,5 \cdot e^{-1} < 0 \;\Rightarrow\; \text{Maximumstelle}$$

Alternativ:

Die hinreichende Bedingung für eine Extremstelle ist $f'(x)=0$ und an der möglichen Extremstelle tritt ein Vorzeichenwechsel bei der Ableitung auf.
Es werden Werte vor und nach der Nullstelle der 1. Ableitungsfunktion in die 1. Ableitung eingesetzt:

$f'(0)=9\cdot e^{0}\cdot 1>0$

$f'(1)=-4{,}5\cdot e^{-1{,}5}<0$

An der möglichen Extremstelle tritt ein (+/–)-Vorzeichenwechsel auf, daher ist $x=\frac{2}{3}$ eine Maximumstelle.

Für die y-Koordinate des Maximums gilt:

$$f\left(\frac{2}{3}\right)=9\cdot\frac{2}{3}\cdot e^{-1{,}5\cdot\frac{2}{3}}=6\cdot e^{-1}$$

Der Graph der Funktion f hat den Hochpunkt $H\left(\frac{2}{3}\,\middle|\,\frac{6}{e}\right)$.

(3) Die notwendige Bedingung für eine Wendestelle ist $f''(x)=0$.

$$\begin{aligned}-13{,}5\cdot e^{-1{,}5x}\cdot(2-1{,}5x)&=0 \qquad \left|:(-13{,}5\cdot e^{-1{,}5x})\neq 0\right.\\ 2-1{,}5x&=0\\ x&=\frac{4}{3}\end{aligned}$$

Da es genau eine Wendestelle gibt, ist diese $x=\frac{4}{3}$.

Die y-Koordinate des Wendepunktes erhält man durch Einsetzen der Wendestelle in den Funktionsterm:

$$f\left(\frac{4}{3}\right)=9\cdot\frac{4}{3}\cdot e^{-1{,}5\cdot\frac{4}{3}}=12\cdot e^{-2}$$

Der Graph der Funktion f hat den Wendepunkt $W\left(\frac{4}{3}\,\middle|\,\frac{12}{e^2}\right)$.

(4) Im Wendepunkt oder an den Rändern des Definitionsbereichs ist die Steigung am kleinsten oder größten.

$$f'\left(\frac{4}{3}\right)=9\cdot e^{-1{,}5\cdot\frac{4}{3}}\cdot\left(1-1{,}5\cdot\frac{4}{3}\right)=9\cdot e^{-2}\cdot(1-2)=-9\cdot e^{-2}\approx-1{,}22$$

$$f'(0)=9\cdot e^{-1{,}5\cdot 0}\cdot(1-1{,}5\cdot 0)=9\cdot e^{0}=9$$

$$f'(6)=9\cdot e^{-1{,}5\cdot 6}\cdot(1-1{,}5\cdot 6)=9\cdot e^{-9}\cdot(-8)=-72e^{-9}\approx-0{,}009$$

Die Steigung ist an der Wendestelle $x=\frac{4}{3}$ am kleinsten und an der Stelle $x=0$ am größten.

b) (1) Der Graph der Funktion f verläuft oberhalb der x-Achse. Der Flächeninhalt der Fläche zwischen dem Graphen der Funktion und der x-Achse im Intervall [0; 6] entspricht dem Wert des bestimmten Integrals über die Funktion f(x) mit den Integrationsgrenzen 0 und 6:

$$\int_0^6 f(x)\,dx \approx 4\,[FE]$$

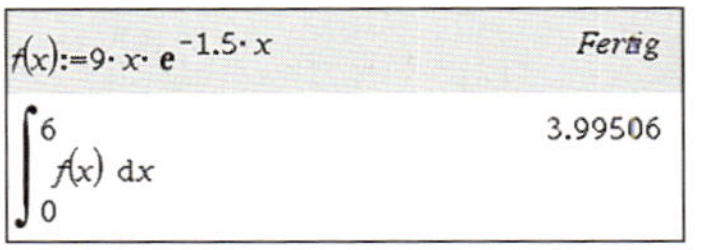

Der Flächeninhalt der Fläche zwischen dem Graphen der Funktion und der x-Achse im Intervall [0; 6] hat einen Flächeninhalt von ca. 4 Flächeneinheiten.

(2) (i) Einzeichnen und Verbinden der Punkte O, P und Q_2 ergibt das Dreieck OPQ_2.

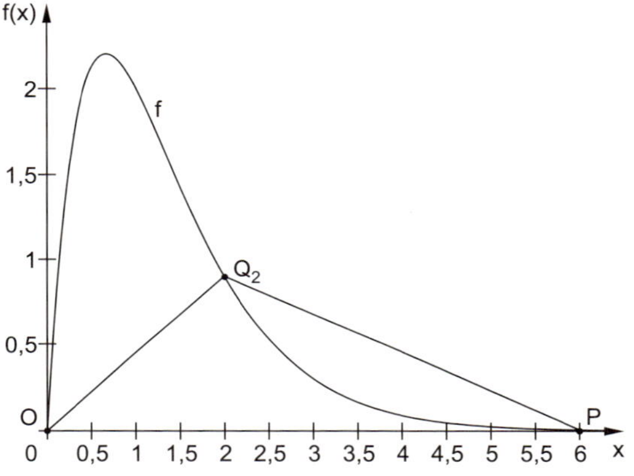

(ii) Der Flächeninhalt eines Dreiecks mit der Grundseite g und der Höhe h berechnet sich nach folgender Formel:

$$A = \frac{1}{2} \cdot g \cdot h$$

Wählt man als Grundseite des Dreiecks die Strecke $\overline{OP}$, so ist die Länge der Grundseite gleich dem Abstand des Punktes P vom Ursprung. Sie beträgt 6 Längeneinheiten. Die Höhe des Dreiecks entspricht der Lotstrecke von Q_u auf die x-Achse, also dem Funktionswert f(u).
Somit gilt:

$$A = \frac{1}{2} \cdot 6 \cdot f(u) = 3 \cdot f(u)$$

(iii) Der Flächeninhalt des Dreiecks entspricht dem Dreifachen des Funktionswertes der Funktion f an der Stelle $x = u$. Da die Funktion ihr absolutes Maximum an der Stelle $x = \frac{2}{3}$ annimmt, wird der Flächeninhalt des Dreiecks OPQ_u maximal für $u = \frac{2}{3}$.

(iv) Gleichsetzen des Flächeninhalts des Dreiecks OPQ_u mit dem vorgegebenen Flächeninhalt ergibt:

$3 \cdot f(u) = 4 \quad \Leftrightarrow \quad u_1 \approx 0{,}20 \ \vee$
$u_2 \approx 1{,}58$

Für $u_1 \approx 0{,}2$ oder für $u_2 \approx 1{,}58$ beträgt der Flächeninhalt des Dreiecks OPQ_u 4 Flächeneinheiten.

solve(3·f(u)=4,u)
u=0.19997 or u=1.5765

Alternativ: grafische Lösung

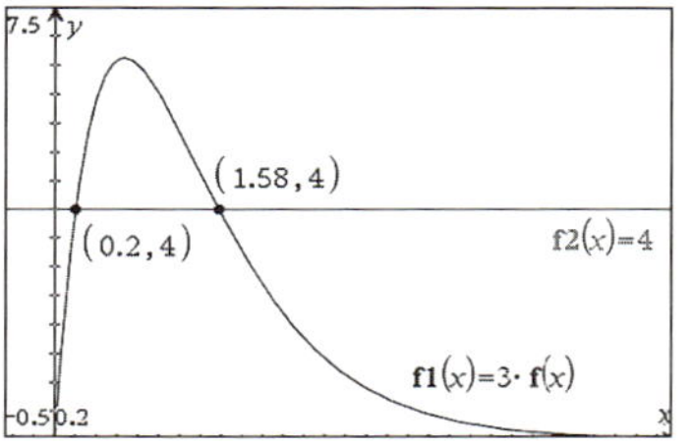

c) (1) (i) Bedingung I besagt, dass die Graphen der Funktionen f und t an der Stelle $x = z$ den gleichen Funktionswert haben.
Bedingung II drückt aus, dass die Graphen der Funktionen f und t an der Stelle $x = z$ die gleiche Steigung haben.
Beide Bedingungen führen dazu, dass die Graphen der Funktionen f und t „nahtlos" und „knickfrei" ineinander übergehen.

(ii) Mit dem ersten Summanden wird der Flächeninhalt der Fläche zwischen dem Graphen der Funktion f und der x-Achse im Intervall [0; z] berechnet. Mit dem zweiten Summanden wird der Flächeninhalt der Dreiecksfläche zwischen dem Graphen der Funktion t und der x-Achse im Intervall [z; c] berechnet, wobei c die Schnittstelle des Graphen der Funktion t mit der x-Achse ist.
Die Summe der Flächeninhalte ergibt den Flächeninhalt der grauen Fläche in Abbildung 2.

(2) (i) Der Funktionswert und die Steigung der Funktion t an der Stelle $x = 0{,}9428$ entsprechen dem Funktionswert und der Steigung der Funktion f an der Stelle $x = 0{,}9428$.

$f(0{,}9428) = 9 \cdot 0{,}9428 \cdot e^{-1{,}5 \cdot 0{,}9428} \approx 2{,}0629$

$f'(0{,}9428) = 9 \cdot e^{-1{,}5 \cdot 0{,}9428} \cdot (1 - 1{,}5 \cdot 0{,}9428) \approx -0{,}9063$

Einsetzen des Funktionswertes und der Steigung $m = f'(0{,}9428)$ in die allgemeine Form der Geradengleichung $y = m \cdot x + n$ ergibt folgende Gleichung:

$2{,}0629 = -0{,}9063 \cdot 0{,}9428 + n$
$n = 2{,}0629 + 0{,}9063 \cdot 0{,}9428$
$n \approx 2{,}9174$

Die Gleichung der Tangente lautet:
$t(x) \approx -0{,}9063 \cdot x + 2{,}9174$

(ii) In der Nullstelle der Tangente t ist der Funktionswert gleich null.
$t(x) = 0 \quad \Leftrightarrow \quad x \approx 3{,}22$

Die Tangente schneidet die x-Achse an der Stelle $x \approx 3{,}22$.

d) (1) (i) Eine grafische Analyse ergibt als Hochpunkt des Graphen der Funktion g den Punkt H(0,385 | 3,83). Der Schnittpunkt der Graphen der Funktionen g und f ist S(2 | 2,01).

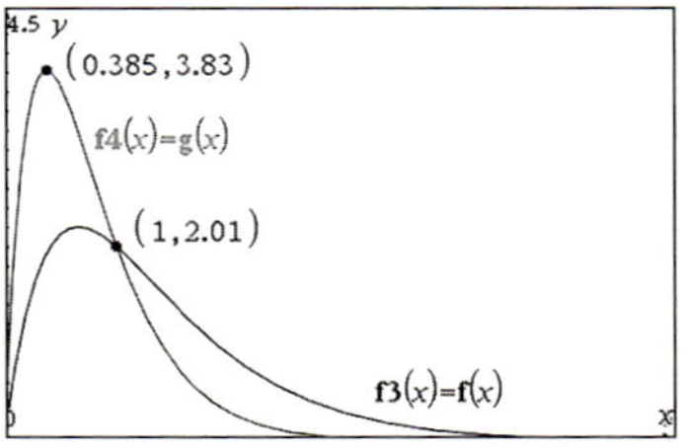

(ii) Eintragen der bekannten Punkte und Beachten des Grenzwertverhaltens des Graphen der Funktion g ergibt die Skizze:

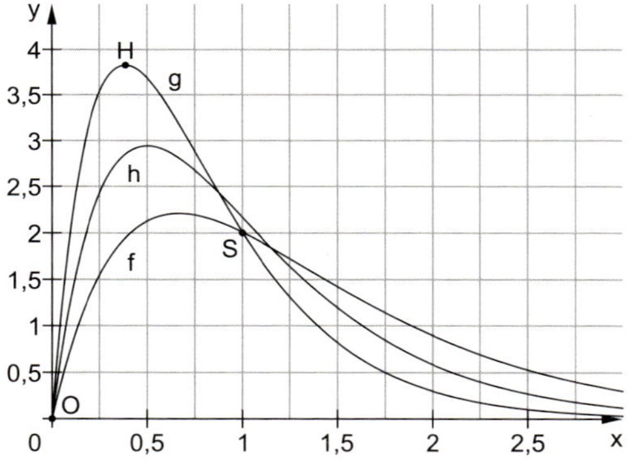

(2) Der Hochpunkt des Graphen der Funktion h liegt oberhalb des Hochpunktes des Graphen der Funktion f (k = 1,5) und unterhalb des Graphen der Funktion g (k = 2,6). Da der Abstand der Hochpunkte ungefähr gleich ist, könnte man für k ungefähr den Mittelwert der k-Werte wählen: $k \approx 2$

Es werden alle Werte für k aus dem Intervall (1,5; 2,6) als richtig gewertet.

Abiturprüfung 2022 Mathematik Grundkurs (Nordrhein-Westfalen)
Prüfungsteil B – Analysis B2 (CAS)

In einem Skatepark soll ein neuer Teilabschnitt gebaut werden. Der Entwurf des Architekten für den Längsschnitt des Abschnitts ist in Abbildung 1 zu sehen.

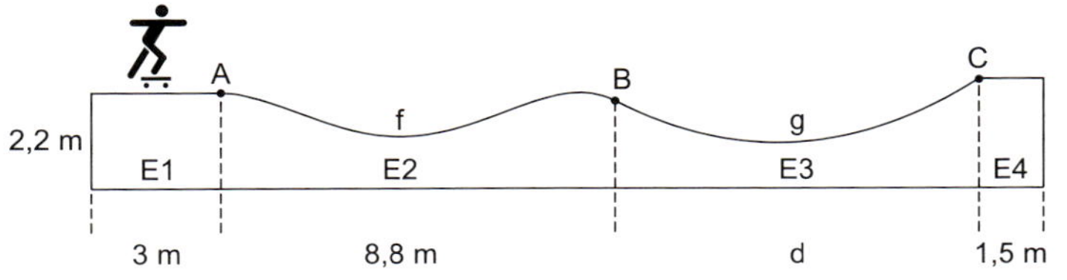

Abbildung 1

Der Abschnitt soll aus vier Betonelementen mit senkrechten Seitenwänden zusammengesetzt werden. Die äußeren Elemente E1 und E4 sind quaderförmig, für die beiden mittleren Elemente E2 und E3 werden die in Abbildung 1 dargestellten oberen Randlinien durch zwei ganzrationale Funktionen f und g modelliert (Abbildung 2). Die in Abbildung 1 dargestellten unteren Randlinien aller vier Elemente werden durch die x-Achse modelliert.
Außer beim Übergang von E3 zu E4 sollen die dargestellten oberen Randlinien der Elemente „knickfrei" ineinander übergehen, um ein störungsfreies Fahren zu gewährleisten.
Zur Modellierung der oberen Randlinie von Element E2 verwendet das Architekturbüro für $-4 \le x \le 4{,}8$ die Funktion f mit

$$f(x) = -\frac{1}{256}x^4 + \frac{1}{8}x^2 + 1{,}2, \quad x \in \mathbb{R}.$$

Dabei entspricht eine Längeneinheit im Koordinatensystem 1 m in der Realität.

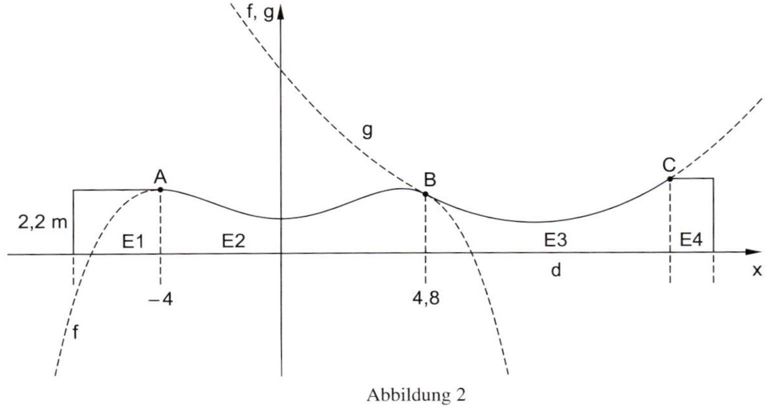

Abbildung 2

Punkte

a) (1) Begründen Sie, dass $f(x) = f(-x)$ für alle $x \in \mathbb{R}$ gilt, und interpretieren Sie dies geometrisch. 2

(2) Ermitteln Sie rechnerisch den Höhenunterschied zwischen dem höchsten und tiefsten Punkt der Skatebahn im Bereich von E2. 4

(3) Zeigen Sie, dass die obere Randlinie von Element E2 knickfrei an die obere Randlinie des quaderförmigen Elements E1 anschließt. 2

(4) Aus Sicherheitsgründen soll an der steilsten Stelle der Bahn der Betrag der Steigung höchstens 0,85 sein.
Zeigen Sie, dass diese Vorgabe beim Element E2 eingehalten wird. 4

Die vier Betonelemente der Skatebahn werden aus einem belastbaren Spezialbeton gegossen. Die Materialkosten hierfür betragen 176 € pro m^3. Die Skatebahn hat überall eine Breite von 5 m.

b) Ermitteln Sie die Materialkosten für das Element E2. 3

Die obere Randlinie von Element E3 soll durch eine ganzrationale Funktion g zweiten Grades modelliert werden, deren Graph im Punkt B sowohl im Funktionswert als auch in der Steigung mit dem Graphen von f übereinstimmt (siehe Abbildung 2). Dabei soll der tiefste Punkt der oberen Randlinie von E3 in 3,6 m horizontaler Entfernung vom Punkt B liegen.

c) Ermitteln Sie eine Gleichung der Funktion g. 5

Verwenden Sie im Folgenden für die Modellierung von E3 die Gleichung
$g(x) = \frac{11}{150}(x - 8,4)^2 + \frac{132}{125}$.

d) Ein Übergang ist ruckfrei, wenn an der Übergangsstelle neben den Funktionswerten und den ersten Ableitungen auch die zweiten Ableitungen übereinstimmen.
Prüfen Sie, ob es sich beim Übergang von E2 zu E3 um einen ruckfreien Übergang handelt. 2

e) (1) Für E3 werden in einem ersten Entwurf zunächst Materialkosten von 10 800 € veranschlagt.

(i) Stellen Sie eine Gleichung auf, mit der die Länge d des Elements E3 so berechnet werden kann, dass die Materialkosten 10 800 € betragen.

Als Lösung der Gleichung ergibt sich eine Länge von $d \approx 8,24$ [m].

(ii) Bestimmen Sie die Höhe von E4, die sich damit ergibt.

(iii) Bestimmen Sie die daraus resultierenden Materialkosten für E4 bei einer feststehenden Länge von 1,5 m für E4.
[Kontrolllösung: Die Materialkosten für E4 betragen ungefähr 3 500 €.] 4

(2) Dem Architekturbüro wird mitgeteilt, dass für die beiden Elemente E3 und E4 nur Materialkosten von zusammen 12 000 € entstehen dürfen.

(i) Berechnen Sie, um wie viel Prozent die Materialkosten beim ersten Entwurf über dieser Vorgabe liegen.

(ii) In einem neuen Entwurf wird daher die Länge von Element E3 verändert. Die Länge von Element E4 soll weiterhin 1,5 m betragen.
Stellen Sie eine Gleichung auf, mit der die neue Länge d_{neu} von Element E3 so berechnet werden kann, dass die Materialkosten von E3 und E4 zusammen genau 12 000 € betragen.
[Hinweis: Die Gleichung muss nicht gelöst werden.] 4

f) In einem anderen Skatepark soll der Abschnitt E2 vergleichbar gebaut werden, allerdings soll der Streckenverlauf in diesem Abschnitt steiler sein. Zur Modellierung dient hier eine Funktion h mit

$h(x) = u \cdot \left(-\frac{1}{256} x^4 + \frac{1}{8} x^2 \right) + 1{,}2, \quad x \in \mathbb{R}$, mit $u > 0$.

(1) Begründen Sie, dass $h'(x) = u \cdot f'(x)$ gilt, und erläutern Sie, wie der Graph von h' aus dem Graphen von f' hervorgeht. 3

(2) Ermitteln Sie den Wert von u, bei dem diese Bahn im Abschnitt E2 an der Stelle $x = 4{,}8$ die Steigung $m = -0{,}85$ hat. 2

Hinweise und Tipps

Teilaufgabe a

(1) Beachten Sie die im Funktionsterm auftretenden Exponenten.

Betrachten Sie für die geometrische Interpretation das Symmetrieverhalten.

(2) Der gesuchte Höhenunterschied ergibt sich aus der Differenz des globalen Maximums und Minimums der Funktion f im Intervall [−4; 4,8].

Ermitteln Sie die lokalen Extremstellen von f im zu betrachtenden Intervall und vergleichen Sie deren Funktionswerte mit den Funktionswerten am Intervallrand.

(3) Ein knickfreier Übergang heißt, dass links- und rechtsseitige Funktions- und Ableitungswerte an der Stelle $x = -4$ übereinstimmen.

(4) Bestimmen Sie die globalen Maximum- bzw. Minimumstellen von f' auf dem betrachteten Intervall [−4; 4,8] und berechnen dann die Steigungen an diesen Stellen.

Vergleichen Sie anschließend die Beträge mit dem vorgegebenen Wert von 0,85.

Teilaufgabe b

- Berechnen Sie zunächst das Volumen des Elementes E2, das sich als Produkt aus Breite und Querschnittsfläche ergibt.
- Die Querschnittsfläche erhalten Sie als bestimmtes Integral über die Randfunktion f im Intervall $[-4; 4{,}8]$.

Teilaufgabe c

- Stellen Sie den Funktionsterm einer ganzrationalen Funktion 2. Grades und ihrer Ableitung mittels Variablen da.
- Aus dem Aufgabenkontext ergeben sich drei Beziehungen, die zu einem linearen Gleichungssystem führen, das Sie mithilfe eines CAS lösen können.

Teilaufgabe d

- Überprüfen Sie, ob die zweiten Ableitungen von f und g an der Stelle $x = 4{,}8$ übereinstimmen.

Teilaufgabe e

- (1) (i) Multiplizieren Sie das Volumen des Elementes E3 mit den Materialkosten pro m^3.
- Setzen Sie dann diesen Term gleich mit den vorgegebenen Kosten.
- (ii) Aus dem Aufgabenkontext ergibt sich, dass das Element E4 an der Stelle $x = 4{,}8 + 8{,}24 = 13{,}04$ beginnt.
- Seine Höhe ist folglich $g(13{,}04)$.
- (iii) Die Materialkosten für den Quader ergeben sich aus dem Produkt von Volumen und Preis pro m^3.
- (2) (i) Setzen Sie den 12 000 € überschreitenden Betrag in Beziehung zu 12 000 €.
- (ii) Das Element E3 reicht jetzt von 4,8 bis $4{,}8 + d_{neu}$.
- Berechnen Sie mittels bestimmtem Integral über $[4{,}8; 4{,}8 + d_{neu}]$ die Kosten des neuen Elementes E3.
- Durch die veränderte Länge von E3 ändert sich auch die Höhe von E4.
- Addieren Sie die Kosten für E3 und E4 und setzen Sie diese gleich 12 000.

Teilaufgabe f

- (1) Berechnen und vergleichen Sie $h'(x)$ und $u \cdot f'(x)$.
- (2) Setzen Sie $x = 4{,}8$ in $h'(x) = -0{,}85$ ein und lösen Sie die Gleichung nach u auf.

Lösung

a) (1) $f(x) = -\frac{1}{256}x^4 + \frac{1}{8}x^2 + 1{,}2$

Die Funktion f ist eine ganzrationale Funktion 4. Grades mit ausschließlich geraden Exponenten. Deshalb gilt $f(-x) = f(x)$.

Der Graph von f ist achsensymmetrisch zur y-Achse.

(2) Der Höhenunterschied zwischen dem höchsten und tiefsten Punkt der Skatebahn im Bereich von E2 ergibt sich aus der Differenz des globalen Maximums und Minimums im Intervall [–4; 4,8]. Als globale Extremstellen kommen nur die Nullstellen von f' (notwendige Bedingung für die Existenz eines lokalen Extremwertes) sowie die Randstellen –4 und 4,8 infrage.

Es gilt:

$f'(x) = -\frac{1}{64}x^3 + \frac{1}{4}x$

$f'(x) = 0$

$\Leftrightarrow \quad x_1 = -4 \text{ oder } x_2 = 0 \text{ oder } x_3 = 4$

$f(x) := \frac{-1}{256} \cdot x^4 + \frac{1}{8} \cdot x^2 + 1.2$	*Fertig*
$a1f(x) := \frac{d}{dx}(f(x))$	*Fertig*
solve(a1f(x)=0,x)	x=-4. or x=0. or x=4.

Die Untersuchung der Funktionswerte an den Extremstellen und an den Randwerten ergibt:

$f(-4) = 2{,}2$

$f(0) = 1{,}2$

$f(4) = 2{,}2$

$f(4{,}8) = 2{,}0064$

f(-4)	2.2
f(0)	1.2
f(4)	2.2
f(4.8)	2.0064

Das globale Minimum von f liegt im Intervall [–4; 4,8] bei $x_2 = 0$ mit $f(0) = 1{,}2$.

Die globalen Maxima liegen bei $x_1 = -4$ und $x_3 = 4$ mit $f(-4) = f(4) = 2{,}2$.

Somit gilt für den maximalen Höhenunterschied:

$2{,}2 \text{ m} - 1{,}2 \text{ m} = 1 \text{ m}$

(3) Ein knickfreier Anschluss an einer Stelle a liegt vor, wenn gilt:

$f(a) = g(a)$ und $f'(a) = g'(a)$

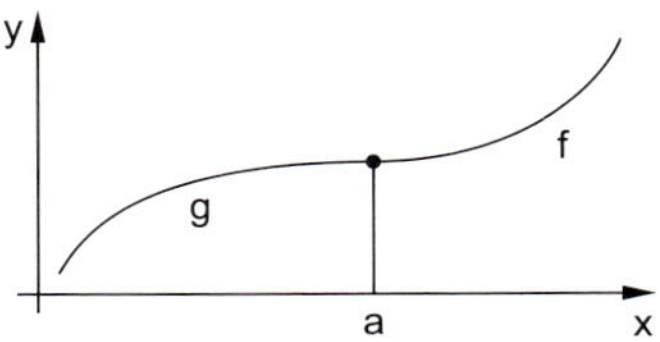

Hier gilt:

$f(-4) = 2{,}2$ und $f'(-4) = 0$

E1 verläuft in der Höhe von 2,2 m und die Steigung beträgt hier wegen der waagrechten Geraden ebenfalls 0.

Die oberen Randlinien von E1 und E2 stimmen an der Stelle $x_1 = -4$ in Höhe und Steigung überein. Der Anschluss ist somit knickfrei.

(4) Die steilste Stelle der Bahn beim Element E2 liegt an der Stelle des globalen Maximums bzw. Minimums der Ableitungsfunktion f' im Intervall [−4; 4,8]. Als globale Extremstellen von f' kommen nur die Nullstellen von $(f')' = f''$ sowie die Randstellen des betrachteten Intervalls [−4; 4,8] infrage.

Es gilt:

$f''(x) = 0$

$\Leftrightarrow \quad x_1 \approx -2{,}309 \text{ oder } x_2 \approx 2{,}309$

$a2f(x) := \frac{d}{dx}(a1f(x))$	*Fertig*
solve(a2f(x)=0,x)	x=-2.3094 or x=2.3094

Die Untersuchung der Funktionswerte an den Extremstellen und an den Randwerten ergibt:

$f'(-4) = 0$

$f'(-2{,}309) = -0{,}3849$

$f'(2{,}309) = 0{,}3849$

$f'(4{,}8) = -0{,}528$

a1f(-4)	0.
a1f(-2.309)	-0.3849
a1f(2.309)	0.3849
a1f(4.8)	-0.528

Alternativ:

Die Hoch- und Tiefpunkte der Ableitungsfunktion f' können auch grafisch mithilfe des CAS bestimmt werden.

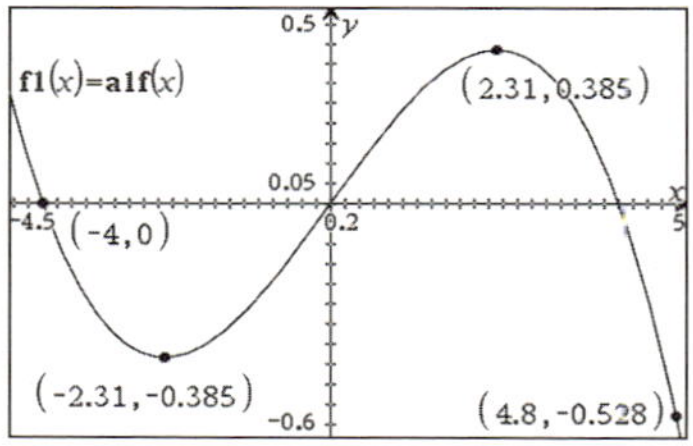

Die Ableitungsfunktion f' hat an der Stelle $x = 4{,}8$ mit $f'(4{,}8) = -0{,}528$ den absoluten Tiefpunkt und an der Stelle $x_2 \approx 2{,}309$ mit $f'(2{,}309) = 0{,}3849$ den absoluten Hochpunkt. Somit liegt die steilste Stelle der Bahn (mit negativem Gefälle) bei $x = 4{,}8$ vor. Die Vorgabe wird wegen $|-0{,}528| = 0{,}528 < 0{,}85$ eingehalten.

b) Zu berechnen ist zunächst das Volumen V des Elementes E2, das sich aus dem Produkt von Breite und Querschnittsfläche ergibt:

$$V = 5 \cdot \int_{-4}^{4{,}8} f(x)\,dx \; [m^3]$$

Multipliziert mit dem Preis pro m^3, erhält man den Materialpreis von Element E2:

$$176 \cdot 5 \cdot \int_{-4}^{4{,}8} f(x)\,dx \approx 13\,238{,}7$$

$176 \cdot 5 \cdot \int_{-4}^{4.8} f(x)\,dx$	13238.7

Die Materialkosten für das Element E2 betragen etwa 13 238,7 €.

c) Als ganzrationale Funktion 2. Grades hat g den allgemeinen Funktionsterm:

$g(x) = ax^2 + bx + c \quad$ mit $\; a, b, c \in \mathbb{R}$

$g'(x) = 2ax + b$

Aus dem Aufgabenkontext ergeben sich die folgenden Beziehungen:

$g(4{,}8) = f(4{,}8)$

$g'(4{,}8) = f'(4{,}8)$

$g'(4{,}8 + 3{,}6) = 0$

Einsetzen in die Terme von g, g' und f führt zu folgendem linearen Gleichungssystem:

I $\quad 23{,}04a + 4{,}8b + c = 2{,}0064 \quad$ (siehe Teilaufgabe a) (2))

II $\quad 9{,}6a + b = -0{,}528 \quad$ (siehe Teilaufgabe a) (4))

III $\quad 16{,}8a + b = 0$

Mittels CAS ergeben sich die Lösungen $a \approx 0{,}073$, $b \approx -1{,}232$ und $c \approx 6{,}2304$

Die Funktion g lautet:

$g(x) = 0{,}073x^2 - 1{,}232x + 6{,}2304$

$$\text{solve}\left(\begin{cases} 23.04\cdot a+4.8\cdot b+c=2.0064 \\ 9.6\cdot a+b=-0.528 \\ 16.8\cdot a+b=0 \end{cases},\{a,b,c\}\right)$$

$a=0.073333$ and $b=-1.232$ and $c=6.2304$

d) Die Übergangsstelle ist $x = 4{,}8$. Dann gilt:

$f''(4{,}8) = -0{,}83$

$g''(4{,}8) \approx 0{,}147$

$\Rightarrow \quad f''(4{,}8) \neq g''(4{,}8)$

Hieraus folgt, dass der Übergang von E2 zu E3 nicht ruckfrei ist.

$g(x):=\frac{11}{150}\cdot(x-8.4)^2+\frac{132}{125}$	*Fertig*
$a1g(x):=\frac{d}{dx}(g(x))$	*Fertig*
$a2g(x):=\frac{d}{dx}(a1g(x))$	*Fertig*
$a2f(4.8)$	-0.83
$a2g(4.8)$	0.146667

e) (1) (i) Das Volumen des Elementes E3 berechnet sich als Produkt aus Querschnittsfläche und Breite. Die Querschnittsfläche erhält man mithilfe des bestimmten Integrals im Intervall [4,8; 4,8 + d], wobei d die gesuchte Breite von Element E3 ist. Multipliziert mit den Materialkosten pro m^3, ergibt sich dann die folgende Gleichung:

$$176 \cdot 5 \cdot \int_{4{,}8}^{4{,}8+d} g(x)\,dx = 10\,800$$

(ii) Bei einer Breite von $d = 8{,}24$ [m] für Element E3 (siehe Aufgabenstellung) beginnt das Element E4 an der Stelle $x = 4{,}8 + 8{,}24 = 13{,}04$ auf der x-Achse. Die Höhe von E4 ist dann:

$$g(13{,}04) = \frac{11}{150}(13{,}04 - 8{,}4)^2 + \frac{132}{125} \approx 2{,}63$$

Der Quader ist also 2,63 [m] hoch.

(iii) Für den Quader E4 ergeben sich bei einer feststehenden Länge von 1,5 m die folgenden Materialkosten:

$$176\,\frac{€}{m^3}\cdot 1{,}5\text{ m}\cdot 2{,}63\text{ m}\cdot 5\text{ m} = 3\,471{,}60\text{ €}$$

(2) (i) Für die Elemente E3 und E4 ergeben sich Materialkosten von insgesamt:
$10\,800\text{ €} + 3\,471{,}60\text{ €} = 14\,271{,}60\text{ €}$

Die Vorgabe beträgt 12 000 €. Damit gilt für die prozentuale Überschreitung der Vorgabe:
$$\frac{14\,271{,}60 - 12\,000}{12\,000} = \frac{2\,271{,}60}{12\,000} = 18{,}93\,\%$$

(ii) Das Volumen von E3 soll neu ermittelt werden, indem die rechte Intervallgrenze verkleinert wird. Sie beträgt $x = 4{,}8 + d_{neu}$. Dadurch wird die Höhe von E4 zu $g(4{,}8 + d_{neu})$. Die Gesamtkosten sollen 12 000 € betragen. Also muss gelten:

$$176\cdot 5\cdot\left(\int_{4,8}^{4,8+d_{neu}} g(x)\,dx + 1{,}5\cdot g(4{,}8 + d_{neu})\right) = 12\,000$$

Hierbei ist $\int_{4,8}^{4,8+d_{neu}} g(x)\,dx$ die Querschnittsfläche des neu gestalteten Elementes E3 und $1{,}5\cdot g(4{,}8 + d_{neu})$ die Querschnittsfläche vom Quader E4.

f) (1) Es gilt:

$$h'(x) = u\cdot\left(-\frac{1}{64}x^3 + \frac{1}{4}x\right) = u\cdot f'(x)$$

Der Graph von h' geht durch eine Streckung in Richtung der y-Achse mit einem positiven Streckfaktor $u > 0$ aus dem Graphen von f' hervor.

(2) Gesucht ist der Wert von u, sodass gilt:

$$h_u'(4{,}8) = u\cdot\left(-\frac{1}{64}\cdot 4{,}8^3 + \frac{1}{4}\cdot 4{,}8\right)$$
$$= -0{,}85$$

$$\text{solve}\left(u\cdot\left(\frac{-1}{64}\cdot(4.8)^3 + \frac{1}{4}\cdot 4.8\right) = -0.85, u\right)$$
$u = 1.60935$

Mittels CAS ergibt sich $u \approx 1{,}610$.

Abiturprüfung 2022 Mathematik Grundkurs (Nordrhein-Westfalen)
Prüfungsteil B – Vektorielle Geometrie B3 (GTR/CAS)

In einem kartesischen Koordinatensystem sind die Punkte $A(0|0|0)$, B, $C(0|100|0)$, $D(0|0|246)$, $E(48|64|246)$ und $F(0|100|246)$ sowie der Punkt $G(0|0|146)$ gegeben.

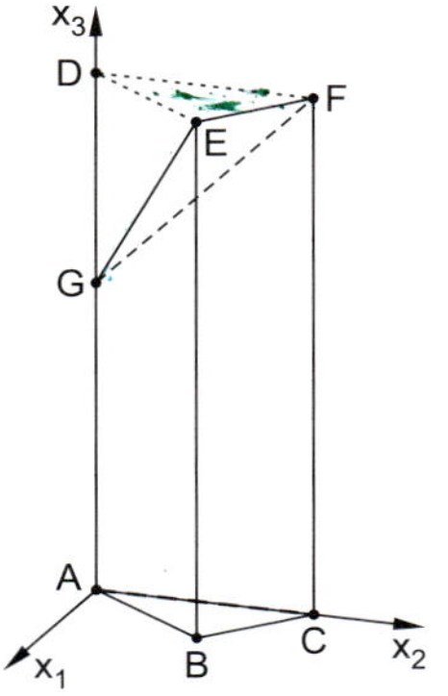

Abbildung

Punkte

a) Der in der Abbildung dargestellte Körper ABCDEF ist ein dreieckiges Prisma.

(1) Geben Sie die Koordinaten des Punktes B an. 1

Für $a \geq 0$ ist der Punkt $G_a(0|0|a)$ gegeben.

(2) Zeigen Sie, dass das Dreieck G_aEF für jedes $a \geq 0$ im Punkt E rechtwinklig ist. 3

(3) Der Punkt G_a soll die Strecke $\overline{AD}$ im Verhältnis $2:1$ teilen. Geben Sie ein $a \geq 0$ so an, dass G_a diese Bedingung erfüllt. 1

(4) Für $a = 246$ gilt $G_a = D$. Berechnen Sie den Flächeninhalt des Dreiecks DEF und das Volumen des Prismas ABCDEF. [Zur Kontrolle: $V_{Prisma} = 590\,400$ VE.] 3

Ein Architekturbüro plant den Neubau eines Wolkenkratzers, der durch den Körper mit den Eckpunkten ABCGEF modelliert wird, wobei im gewählten Koordinatensystem eine Längeneinheit einem Meter in der Realität entspricht.

b) (1) Die Länge der Kante $\overline{AG}$ musste wegen der geltenden Bauvorschriften im Vergleich zur Länge der Kante $\overline{AD}$ um 100 m auf 146 m reduziert werden. Durch diese Reduzierung wird von dem Prisma ABCDEF eine Pyramide mit der Grundfläche DEF abgeschnitten. Berechnen Sie, um wie viel Prozent sich das Volumen des Gebäudes ABCGEF im Vergleich zum Volumen des Prismas ABCDEF verkleinert hat. 2

(2) Berechnen Sie den Winkel zwischen den Kanten $\overline{FC}$ und $\overline{FG}$. 2

c) (1) Zeigen Sie, dass $E_{Dach}: \vec{x} = \begin{pmatrix} 48 \\ 64 \\ 246 \end{pmatrix} + s \cdot \begin{pmatrix} -48 \\ -64 \\ -100 \end{pmatrix} + t \cdot \begin{pmatrix} -48 \\ 36 \\ 0 \end{pmatrix}$, $s \in \mathbb{R}$, $t \in \mathbb{R}$ eine Parametergleichung der Ebene ist, in der die Dachfläche GEF liegt.

Alle Punkte der dreieckigen Dachfläche GEF sind gegeben durch

$$\vec{x} = \begin{pmatrix} 48 \\ 64 \\ 246 \end{pmatrix} + s \cdot \begin{pmatrix} -48 \\ -64 \\ -100 \end{pmatrix} + t \cdot \begin{pmatrix} -48 \\ 36 \\ 0 \end{pmatrix},\ s \geq 0,\ t \geq 0,\ s + t \leq 1.$$ 2

(2) Ein Lufttaxi soll den Wolkenkratzer mit einem anderen Wolkenkratzer verbinden.
Im letzten Teil des Fluges soll es auf einer Strecke fliegen, die vereinfachend als Teil der Geraden $g: \vec{x} = \begin{pmatrix} 4 \\ 10 \\ 200 \end{pmatrix} + k \begin{pmatrix} 3 \\ 7 \\ -1 \end{pmatrix}$, $k \in \mathbb{R}$, modelliert werden kann.
Zeigen Sie rechnerisch, dass die Gerade g einen Punkt der dreieckigen Dachfläche GEF enthält. 4

(3) Ein weiteres Lufttaxi erreicht im Punkt $Q(16\,|\,38\,|\,196)$ die Dachfläche, nachdem es 45 m auf einer Strecke in Richtung $\vec{v} = \begin{pmatrix} 10 \\ 11 \\ -2 \end{pmatrix}$ geflogen ist.

Ermitteln Sie den Startpunkt dieser geradlinigen Flugstrecke. 2

Hinweise und Tipps

Teilaufgabe a

(1) Vergleichen Sie die x- und y-Koordinate der Punkte A und D bzw. C und F miteinander.

Ziehen Sie daraus Rückschlüsse, in welcher Koordinate sich der Punkt B vom Punkt E unterscheidet.

(2) Überlegen Sie, welche Vektoren senkrecht aufeinander stehen, wenn das Dreieck im Punkt E einen rechten Winkel hat.

Das Skalarprodukt zweier senkrecht aufeinander stehender Vektoren ist gleich null.

Alternativ: Die Länge einer Strecke mit den Endpunkten $A(a_1 \mid a_2 \mid a_3)$ und $B(b_1 \mid b_2 \mid b_3)$ berechnet sich nach folgender Formel:
$|\overline{AB}| = |\overrightarrow{AB}| = \sqrt{(b_1 - a_1)^2 + (b_2 - a_2)^2 + (b_3 - a_3)^2}$

Bestimmen Sie die Längen der Dreiecksseiten.

Nach der Umkehrung des Satzes des Pythagoras ist ein Dreieck rechtwinklig, wenn die Summe der Quadrate der kleineren Dreiecksseiten gleich dem Quadrat der größten Dreiecksseite ist.

(3) Bestimmen Sie die Länge der Strecke $\overline{AD}$.

Teilt ein Punkt T eine Strecke im Verhältnis $m : n$, so wird die Strecke in $(m + n)$ Teilstrecken geteilt.

Beachten Sie, dass die Punkte A, G_a und D auf der x_3-Achse liegen.

(4) Der Flächeninhalt eines rechtwinkligen Dreiecks mit den Katheten a und b berechnet sich nach der Formel $A = \frac{1}{2} \cdot a \cdot b$.

Das Volumen eines Prismas mit der Grundfläche G und der Höhe h berechnet sich nach der Formel $V = G \cdot h$.

Bestimmen Sie die Höhe des Prismas durch Vergleich der Grund- und Deckflächenebene.

Teilaufgabe b

(1) Das Volumen einer Pyramide mit der Grundfläche G und der Höhe h berechnet sich nach der Formel $V = \frac{1}{3} \cdot G \cdot h$.

Wählen Sie das Volumen der Pyramide als Prozentwert und das Volumen des Prismas als Grundwert.

Berechnen Sie den Prozentwert.

(2) Der Schnittwinkel φ zwischen zwei sich im Punkt S schneidenden Geraden g: $\vec{x} = \vec{s} + r \cdot \vec{u}$, $r \in \mathbb{R}$ und h: $\vec{x} = \vec{s} + t \cdot \vec{v}$, $t \in \mathbb{R}$ entspricht dem Winkel zwischen den Richtungsvektoren der Geraden.

Bestimmen Sie die Richtungsvektoren der Kanten $\overrightarrow{FC}$ und $\overrightarrow{FG}$.

Berechnen Sie den Winkel mithilfe der Formel $\cos(\varphi) = \frac{\vec{u} \circ \vec{v}}{|\vec{u}| \cdot |\vec{v}|}$

Teilaufgabe c

(1) Bestimmen Sie die Dreipunkteform der Ebenengleichung mit dem Anbindungspunkt E und den Spannvektoren $\overrightarrow{EG}$ und $\overrightarrow{EF}$.

(2) Setzen Sie die Parameterform der Ebenengleichung E_{Dach} und der Geradengleichung g gleich.

Schreiben Sie die Vektorgleichung um in Koordinatengleichungen, sodass ein lineares Gleichungssystem entsteht.

Lösen Sie das Gleichungssystem mit dem CAS bzw. GTR.

Überprüfen Sie die Bedingungen, ob der Schnittpunkt im Dreieck GEF liegt.

(3) Bestimmen Sie den Einheitsrichtungsvektor.

Stellen Sie eine Vektorgleichung mit dem Ortsvektor des Ausgangspunktes P des Flugtaxis auf.

Lösen Sie die Gleichung nach dem Ortsvektor $\vec{p}$ auf.

Lösung

a) (1) Die Koordinaten des Punktes B sind B(48 | 64 | 0).

Beim Operator „Geben Sie an" reicht die Angabe der Koordinaten des Punktes ohne Begründung.
Eine mögliche Begründung wäre: Ein Vergleich der x- und y-Koordinate der Punkte A und D bzw. C und F ergibt, dass es sich um ein gerades (senkrechtes) Prisma handelt. Die Koordinaten des Punktes B erhält man als senkrechte Projektion des Punktes E in die x_1x_2-Ebene.

(2) Hat das Dreieck G_aEF im Punkt E einen rechten Winkel, dann stehen die Vektoren $\overrightarrow{EG_a}$ und $\overrightarrow{EF}$ senkrecht aufeinander. Dies ist der Fall, wenn das Skalarprodukt der Vektoren $\overrightarrow{EG_a}$ und $\overrightarrow{EF}$ gleich null ist.

Es gilt:

$$\overrightarrow{EG_a} = \begin{pmatrix} -48 \\ -64 \\ a-246 \end{pmatrix} \text{ und } \overrightarrow{EF} = \begin{pmatrix} -48 \\ 36 \\ 0 \end{pmatrix}$$

$$\overrightarrow{EG_a} \circ \overrightarrow{EF} = \begin{pmatrix} -48 \\ -64 \\ a-246 \end{pmatrix} \circ \begin{pmatrix} -48 \\ 36 \\ 0 \end{pmatrix} = 2\,304 + (-2\,304) + 0 = 0$$

Für ein beliebiges $a \geq 0$ hat das Dreieck G_aEF einen rechten Winkel im Punkt E.

Alternativ: Umkehrung des Satzes des Pythagoras
Die Länge einer Strecke mit den Endpunkten $A(a_1 | a_2 | a_3)$ und $B(b_1 | b_2 | b_3)$ berechnet sich nach folgender Formel:

$$|\overline{AB}| = |\overrightarrow{AB}| = \sqrt{(b_1 - a_1)^2 + (b_2 - a_2)^2 + (b_3 - a_3)^2}$$

Für die Längen der Dreiecksseiten gilt:

$$|\overline{EF}| = \left| \begin{pmatrix} -48 \\ 36 \\ 0 \end{pmatrix} \right| = \sqrt{2\,304 + 1\,296} = 60\,[\text{LE}]$$

$$|\overline{EG_a}| = \left| \begin{pmatrix} -48 \\ -64 \\ a-246 \end{pmatrix} \right| = \sqrt{2\,304 + 4\,096 + a^2 - 492a + 60\,516}$$
$$= \sqrt{a^2 - 492a + 66\,916}$$

$$|\overline{FG_a}| = \left| \begin{pmatrix} 0 \\ -100 \\ a-246 \end{pmatrix} \right| = \sqrt{10\,000 + a^2 - 492a + 60\,516}$$
$$= \sqrt{a^2 - 492a + 70\,516}$$

Es gilt:

$$60^2+\sqrt{a^2-492a+66\,916}^{\,2}=\sqrt{a^2-492a+70\,516}^{\,2}$$

Nach der Umkehrung des Satzes des Pythagoras ist das Dreieck rechtwinklig mit einem rechten Winkel im Punkt E.

(3) Die Strecke $\overline{AD}$ hat eine Länge von 246 LE. Wird die Strecke im Verhältnis 2 : 1 geteilt, so entstehen Teilstrecken mit den Längen 164 LE und 82 LE.
Da $\overline{AD}$ und somit auch G_a ein Teil der x_3-Achse sind, wird die Strecke $\overline{AD}$ durch $G_{164}(0|0|164)$ bzw. durch $G_{82}(0|0|82)$ im Verhältnis 2 : 1 geteilt.

(4) Das Dreieck DEF ist rechtwinklig mit den Katheten $\overline{EF}$ und $\overline{ED}$.
Es gilt:

$$|\overrightarrow{EF}|=\left|\begin{pmatrix}-48\\36\\0\end{pmatrix}\right|=\sqrt{2\,304+1\,296}=60\,[\text{LE}]$$

$$|\overrightarrow{ED}|=\left|\begin{pmatrix}-48\\-64\\0\end{pmatrix}\right|=\sqrt{2\,304+4\,096}=80\,[\text{LE}]$$

Der Flächeninhalt eines rechtwinkligen Dreiecks mit den Katheten a und b berechnet sich nach folgender Formel:

$$A=\frac{1}{2}\cdot a\cdot b$$

$$G=\frac{1}{2}\cdot 60\cdot 80=2\,400\,[\text{FE}]$$

Das Volumen eines Prismas mit der Grundfläche G und der Höhe h berechnet sich nach folgender Formel:
$V=G\cdot h$

Die Deckfläche liegt in der Ebene $z=246$, die Höhe des Prismas beträgt somit $h=246$ LE.

Einsetzen der Grundfläche $G=2\,400$ FE und der Höhe $h=246$ LE in die Volumenformel ergibt:
$V_{Prisma}=2\,400\cdot 246=590\,400$ [VE]
Das Prisma hat ein Volumen von 590 400 Volumeneinheiten.

b) (1) Das Volumen des Gebäudes ABCGEF erhält man, indem man vom Volumen des Prismas ABCDEF das Volumen der Pyramide DEFG abzieht.

Das Volumen einer Pyramide mit der Grundfläche G und der Höhe h berechnet sich nach folgender Formel:

$$V=\frac{1}{3}\cdot G\cdot h$$

Das Prisma ABCDEF und die Pyramide DEFG haben die gleich große Grundfläche DEF.
Mit dem Volumen der Pyramide DEFG als Prozentwert und dem Volumen des Prismas ABCDEF als Grundwert erhält man das Verhältnis:

$$\frac{V_{Pyramide}}{V_{Prisma}} = \frac{\frac{1}{3} \cdot G \cdot 100}{G \cdot 246} = \frac{\frac{1}{3} \cdot 100}{246} = \frac{50}{369} \approx 0{,}1355$$

Durch die Reduzierung der Länge der Kante $\overline{AD}$ um 100 m verringert sich das Volumen um ca. 13,55 %.

(2) Der Schnittwinkel φ zwischen zwei sich im Punkt S schneidenden Geraden g: $\vec{x} = \vec{s} + r \cdot \vec{u}$, $r \in \mathbb{R}$ und h: $\vec{x} = \vec{s} + t \cdot \vec{v}$, $t \in \mathbb{R}$ entspricht dem Winkel zwischen den Richtungsvektoren der Geraden. Es gilt:

$$\cos(\varphi) = \frac{\vec{u} \circ \vec{v}}{|\vec{u}| \cdot |\vec{v}|}$$

Die von F ausgehenden Richtungsvektoren sind:

$$\overrightarrow{FC} = \begin{pmatrix} 0 \\ 0 \\ -246 \end{pmatrix} \text{ und } \overrightarrow{FG} = \begin{pmatrix} 0 \\ -100 \\ -100 \end{pmatrix}$$

Einsetzen der Richtungsvektoren in die Formel zur Berechnung des Winkels:

$$\cos(\varphi) = \frac{\begin{pmatrix} 0 \\ 0 \\ -246 \end{pmatrix} \circ \begin{pmatrix} 0 \\ -100 \\ -100 \end{pmatrix}}{\left|\begin{pmatrix} 0 \\ 0 \\ -246 \end{pmatrix}\right| \cdot \left|\begin{pmatrix} 0 \\ -100 \\ -100 \end{pmatrix}\right|} = \frac{24\,600}{246 \cdot 100 \cdot \sqrt{2}} = \frac{1}{\sqrt{2}}$$

$$\varphi = \cos^{-1}\left(\frac{1}{\sqrt{2}}\right) = 45°$$

Der Winkel zwischen den Kanten $\overrightarrow{FC}$ und $\overrightarrow{FG}$ beträgt 45°.

c) (1) Mit dem Anbindungspunkt E und den Spannvektoren $\overrightarrow{EG}$ und $\overrightarrow{EF}$ lautet die Dreipunkteform der Ebenengleichung, in der die Dachfläche liegt:

$$E_{Dach}: \vec{x} = \begin{pmatrix} 48 \\ 64 \\ 246 \end{pmatrix} + r \cdot \begin{pmatrix} -48 \\ -64 \\ -100 \end{pmatrix} + s \cdot \begin{pmatrix} -48 \\ 36 \\ 0 \end{pmatrix}; \; r, s \in \mathbb{R}$$

(2) Gleichsetzen der Parameterform der Ebenengleichung E_{Dach} und der Geradengleichung g ergibt die Vektorgleichung:

$$\begin{pmatrix} 48 \\ 64 \\ 246 \end{pmatrix} + r \cdot \begin{pmatrix} -48 \\ -64 \\ -100 \end{pmatrix} + s \cdot \begin{pmatrix} -48 \\ 36 \\ 0 \end{pmatrix} = \begin{pmatrix} 4 \\ 10 \\ 200 \end{pmatrix} + k \cdot \begin{pmatrix} 3 \\ 7 \\ -1 \end{pmatrix}$$

Umschreiben der Vektorgleichung in Koordinatengleichungen ergibt das folgende Gleichungssystem:

$$\begin{array}{ll} \text{I} & -48r - 48s - 3k = -44 \\ \text{II} & -64r + 36s - 7k = -54 \\ \text{III} & -100r + k = -46 \end{array}$$

CAS

$$\text{solve}\left(\begin{cases} -48\cdot r-48\cdot s-3\cdot k=-44 \\ -64\cdot r+36\cdot s-7\cdot k=-54 \\ -100\cdot r+k=-46 \end{cases},\{r,s,k\}\right)$$

$$r=\frac{1}{2} \text{ and } s=\frac{1}{6} \text{ and } k=4$$

GTR

$$\text{linSolve}\left(\begin{cases} -48\cdot r-48\cdot s-3\cdot k=-44 \\ -64\cdot r+36\cdot s-7\cdot k=-54 \\ -100\cdot r+k=-46 \end{cases},\{r,s,k\}\right)$$

$$\left\{\frac{1}{2},\frac{1}{6},4\right\}$$

Eine Lösung mit dem CAS bzw. GTR führt zur Lösung $r=\frac{1}{2}$, $s=\frac{1}{6}$ und $k=4$.

Da die Parameter positiv sind und $\frac{1}{2}+\frac{1}{6}=\frac{2}{3}\leq 1$ gilt, enthält die Gerade g einen Punkt der dreieckigen Dachfläche GEF.

Da der Operator „Zeigen Sie rechnerisch" lautet, ist zwar die Lösung des linearen Gleichungssystems mit dem CAS bzw. GTR erlaubt, nicht aber das Aufstellen und Lösen der Vektorgleichung.

(3) Zunächst wird der Einheitsrichtungsvektor von $\vec{v}=\begin{pmatrix}10\\11\\-2\end{pmatrix}$ bestimmt:

$$\vec{v}_e=\frac{1}{\left|\begin{pmatrix}10\\11\\-2\end{pmatrix}\right|}\cdot\begin{pmatrix}10\\11\\-2\end{pmatrix}=\frac{1}{15}\cdot\begin{pmatrix}10\\11\\-2\end{pmatrix}$$

Ist $\overline{PQ}$ die Strecke, die das Lufttaxi 45 m in der Richtung $\vec{v}=\begin{pmatrix}10\\11\\-2\end{pmatrix}$ geflogen ist, so gilt mit dem Einheitsrichtungsvektor die folgende Vektorgleichung:

$$\vec{p}+45\cdot\frac{1}{15}\cdot\begin{pmatrix}10\\11\\-2\end{pmatrix}=\begin{pmatrix}16\\38\\196\end{pmatrix}$$

$$\vec{p}=\begin{pmatrix}16\\38\\196\end{pmatrix}-3\cdot\begin{pmatrix}10\\11\\-2\end{pmatrix}=\begin{pmatrix}-14\\5\\202\end{pmatrix}$$

Der Startpunkt der geradlinigen 45 m langen Flugstrecke liegt im Punkt P(–14 | 5 | 202).

Abiturprüfung 2022 Mathematik Grundkurs (Nordrhein-Westfalen)
Prüfungsteil B – Stochastik B4 (GTR / CAS)

Die Firma „Schraubenwind“ stellt Schrauben und Muttern für den Bau von Windkraftanlagen her. Wegen der extremen Belastung werden besondere Anforderungen an diese Verbindungselemente gestellt. Eine hochwertige Schraube zeichnet sich durch die Qualität des Schraubenkörpers und die Qualität der anschließenden Beschichtung aus. Im Folgenden gilt eine Schraube als fehlerfrei, wenn sowohl der Schraubenkörper als auch die Beschichtung fehlerfrei sind.

Punkte

a) Bei der Produktion entstehen immer wieder Schrauben, die nicht den Qualitätsansprüchen von „Schraubenwind“ genügen. 97 % der Schrauben weisen einen fehlerfreien Schraubenkörper auf. Von den Schrauben mit fehlerfreiem Schraubenkörper haben 1,5 % eine fehlerhafte Beschichtung. Von den Schrauben mit fehlerhaftem Schraubenkörper haben 5 % eine fehlerhafte Beschichtung.

(1) Stellen Sie den beschriebenen Sachzusammenhang im folgenden Baumdiagramm dar. 2

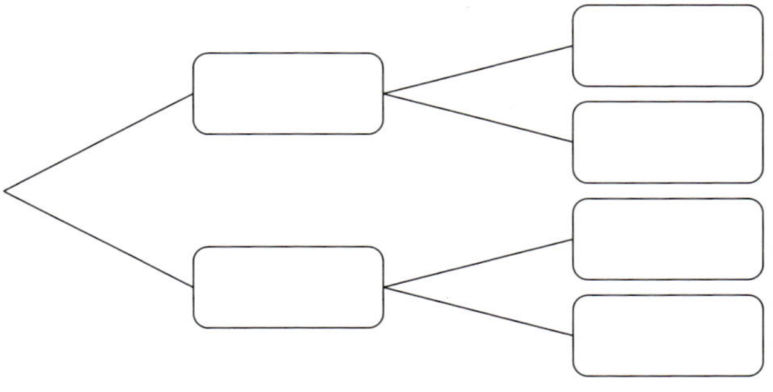

(2) Bestimmen Sie die Wahrscheinlichkeit für folgende Ereignisse:
E_1: Eine zufällig ausgewählte Schraube ist fehlerfrei.
E_2: Eine zufällig ausgewählte Schraube weist eine fehlerhafte Beschichtung auf. 3

(3) Die Beschichtung einer zufällig ausgewählten Schraube ist fehlerhaft. Bestimmen Sie die Wahrscheinlichkeit, dass diese Schraube einen fehlerhaften Schraubenkörper aufweist. 2

Qualitätskontrollen bei der Firma „Schraubenwind“ zeigen, dass im Durchschnitt 4,5 % der Schrauben fehlerhaft die Produktion verlassen. Im Folgenden wird modellhaft davon ausgegangen, dass die Anzahl an fehlerhaften Schrauben in der Produktion binomialverteilt mit $p = 0{,}045$ ist.

b) (1) In einer Untersuchung werden 500 Schrauben zufällig der Produktion entnommen.
Bestimmen Sie die Wahrscheinlichkeit, dass unter diesen Schrauben maximal 20 Schrauben fehlerhaft sind. 2

(2) Ermitteln Sie, wie viele Schrauben mindestens entnommen werden müssen, damit mit einer Wahrscheinlichkeit von mindestens 95 % mindestens 200 dieser Schrauben fehlerfrei sind. 3

c) „Wind 24“, ein Hersteller von Windkraftanlagen, benötigt 5 000 fehlerfreie Schrauben. „Wind 24“ gibt bei der Firma „Schraubenwind“ eine Bestellung auf.

(1) Ermitteln Sie, wie viele Schrauben mindestens produziert werden müssen, damit der Erwartungswert für fehlerfreie Schrauben in dieser Produktion mindestens 5 000 beträgt. 2

(2) Es werden 5 236 Schrauben produziert.
Ermitteln Sie die Wahrscheinlichkeit, dass die Anzahl an fehlerfreien Schrauben in dieser Produktion für den Bedarf von „Wind 24“ ausreicht. 2

d) „Wind 24“ beschwert sich bei „Schraubenwind“. Die Qualität der gelieferten Schrauben habe stark nachgelassen: Ca. 8 % der gelieferten Schrauben seien fehlerhaft. Da „Wind 24“ der wichtigste Kunde von „Schraubenwind“ ist, werden 200 Schrauben zufällig der laufenden Produktion entnommen und auf ihre Qualität hin untersucht. Die Firmenleitung will die Beschwerde von „Wind 24“ zurückweisen, falls neun oder weniger Schrauben unter den 200 untersuchten Schrauben fehlerhaft sind.

(1) Ermitteln Sie die Wahrscheinlichkeit, dass die Firmenleitung die Beschwerde von „Wind 24“ zurückweist, falls der Produktionsprozess eine Fehlerquote von 8 % aufweist. 2

(2) Ermitteln Sie die Wahrscheinlichkeit, dass die Firmenleitung die Beschwerde von „Wind 24“ nicht zurückweist, falls der Produktionsprozess nach wie vor nur eine Fehlerquote von 4,5 % aufweist. 2

Hinweise und Tipps

Teilaufgabe a

(1) Verwenden Sie geeignete Abkürzungen für die vier zu betrachtenden Ereignisse fehlerfreie bzw. fehlerhafte Schraubenkörper bzw. Beschichtungen.

Die Ereignisse werden in den Knoten des Baumes eingetragen, an den Zweigen die gegebenen Wahrscheinlichkeiten.

Die fehlenden Angaben ergeben sich durch Ergänzung zu 100 %.

(2) Betrachten Sie das Baumdiagramm und wenden Sie die Pfadregeln zur Berechnung der gesuchten Wahrscheinlichkeiten an.

Beachten Sie, dass für E_2 zwei Pfade heranzuziehen sind.

(3) Gesucht ist die bedingte Wahrscheinlichkeit $P_{B-}(K-)$ (B–: fehlerhafte Beschichtung und K–: fehlerhafter Schraubenkörper).

$$P_B(A) = \frac{P(A \cap B)}{P(B)}$$

Teilaufgabe b

(1) Die Zufallsvariable X gibt die Anzahl der fehlerhaften Schrauben in einer Stichprobe an.

Es ist $P_{500;\,0{,}045}(X \leq 20)$ gesucht.

(2) Die Zufallsvariable Y gibt die Anzahl der fehlerfreien Schrauben in der Stichprobe an, deren Größe n ermittelt werden soll.

Die Anzahl n ist durch gezieltes Probieren so zu bestimmen, dass gilt:
$P_{n;\,0{,}955}(Y \geq 200) \geq 0{,}95$

Teilaufgabe c

(1) Setzen Sie die gegebenen Werte in die Formel für den Erwartungswert $\mu = n \cdot p$ ein und lösen Sie nach n auf.

(2) Die Zufallsvariable Z gibt die Anzahl fehlerfreier Schrauben in der Produktion an.

Gesucht ist $P_{5\,236;\,0{,}955}(Z \geq 5\,000)$.

Teilaufgabe d

(1) Es ist die Wahrscheinlichkeit gesucht, dass maximal 9 fehlerhafte Schrauben gefunden werden: $P_{200;\,0{,}08}(X \leq 9)$

(2) Die Beschwerde wird nicht zurückgewiesen, wenn sich in der Stichprobe 10 oder mehr fehlerhafte Schrauben befinden: $P_{200;\,0{,}045}(X \geq 10)$

Lösung

a) (1) Die Situation lässt sich in einem zweistufigen Baumdiagramm darstellen. In den Knoten werden die Ereignisse eingetragen, die zugehörigen Wahrscheinlichkeiten werden an den Zweigen notiert. Der besseren Übersichtlichkeit halber werden die folgenden Abkürzungen verwendet:

K+: Schraubenkörper ist fehlerfrei.
K–: Schraubenkörper ist fehlerhaft.
B+: Beschichtung ist fehlerfrei.
B–: Beschichtung ist fehlerhaft.

Es ergibt sich folgendes Baumdiagramm:

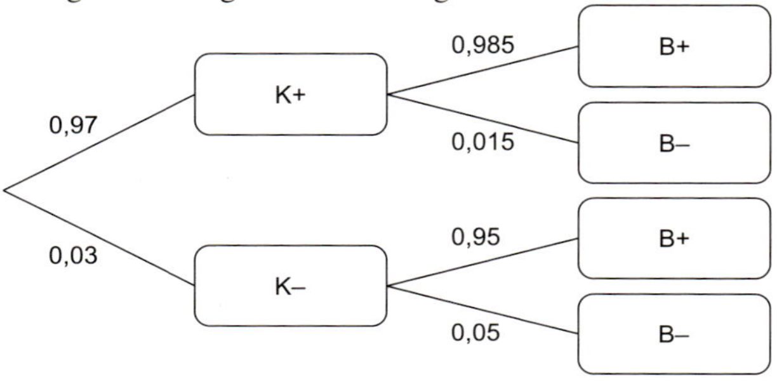

Die Reihenfolge der Stufen ergibt sich aus dem Kontext der Aufgabenstellung. An den Zweigen werden die gegebenen Wahrscheinlichkeiten eingetragen. Die fehlenden Wahrscheinlichkeiten ergeben sich durch Ergänzung zu 100 %.

(2) Die Wahrscheinlichkeit für das Ereignis E_1 berechnet sich mithilfe der 1. Pfadregel:

$P(E_1) = 0{,}97 \cdot 0{,}985 = 0{,}95545$

Für das Ereignis E_2 sind im Baumdiagramm die beiden Pfade heranzuziehen, die jeweils im Knoten mit dem Ergebnis B– enden. Damit ergibt sich die Wahrscheinlichkeit für das Ereignis E_2 mithilfe der 2. Pfadregel:

$P(E_2) = 0{,}97 \cdot 0{,}015 + 0{,}03 \cdot 0{,}05 = 0{,}01455 + 0{,}0015 = 0{,}01605$

(3) Gesucht ist die bedingte Wahrscheinlichkeit $P_{B-}(K-)$ (Wahrscheinlichkeit für einen fehlerhaften Schraubenkörper unter der Annahme einer fehlerhaften Beschichtung).

Die Wahrscheinlichkeit berechnet man wie folgt:

$$P_{B-}(K-) = \frac{P(K- \cap B-)}{P(B-)} = \frac{P(K- \cap B-)}{P(E_2)} = \frac{0{,}03 \cdot 0{,}05}{0{,}01605} \approx 0{,}0935 = 9{,}35\ \%$$

b) Es wird im Folgenden davon ausgegangen, dass die Anzahl an fehlerhaften Schrauben in der Produktion binomialverteilt ist bei einer Fehlerwahrscheinlichkeit von $p = 0{,}045$.

(1) Die Zufallsvariable X gibt die Anzahl der fehlerhaften Schrauben in einer Stichprobe von $n = 500$ Schrauben bei einer Fehlerwahrscheinlichkeit von $p = 0{,}045$ an.
Es gilt:
$P_{500;\ 0{,}045}(X \leq 20) \approx 0{,}3430 = 34{,}30\%$

binomCdf(500,0.045,0,20)	0.342991

(2) Die Zufallsvariable Y gibt die Anzahl der fehlerfreien Schrauben (≥ 200 gemäß Aufgabenstellung) in der Stichprobe an, deren Größe n ermittelt werden soll.
Die Wahrscheinlichkeit p* für eine fehlerfreie Schraube beträgt:
$p^* = 1 - p = 1 - 0{,}045 = 0{,}955$
Dann ist die Anzahl n so zu bestimmen, dass gilt:
$P_{n;\ 0{,}955}(Y \geq 200) \geq 0{,}95$

Die gesuchte Anzahl wird durch gezieltes Suchen mithilfe eines CAS bzw. GTR ermittelt:
$P_{214;\ 0{,}955}(Y \geq 200) \approx 0{,}9388$
$P_{215;\ 0{,}955}(Y \geq 200) \approx 0{,}9652$

binomCdf(214,0.955,200,214)	0.938837
binomCdf(215,0.955,200,215)	0.96517

Es müssen mindestens 215 Schrauben entnommen werden, um mit einer Wahrscheinlichkeit von mindestens 95 % mindestens 200 fehlerfreie Schrauben zu erhalten.

c) (1) Die Wahrscheinlichkeit für eine fehlerfreie Schraube in der Produktion beträgt $p = 0{,}955$.
Der Erwartungswert berechnet sich mittels $\mu = n \cdot p$ und soll 5 000 betragen:

$$\mu = n \cdot 0{,}955 = 5\,000 \quad \Leftrightarrow \quad n = \frac{5\,000}{0{,}955} \approx 5\,235{,}60$$

Es müssen mindestens 5 236 Schrauben produziert werden, damit 5 000 fehlerfreie Schrauben erwartet werden können.

(2) Die Zufallsvariable Z gibt die Anzahl fehlerfreier Schrauben in der Produktion von 5 236 Schrauben an.
Es ist die folgende Wahrscheinlichkeit gesucht:
$P_{5\,236;\ 0{,}955}(Z \geq 5\,000) \approx 0{,}5274$

binomCdf(5236,0.955,5000,5236)	0.527401

Werden 5 236 Schrauben produziert, kann man mit einer Wahrscheinlichkeit von 52,74 % davon ausgehen, dass die Anzahl fehlerfreier Schrauben mindestens 5 000 Stück beträgt.

d) (1) Es handelt sich um einen binomialverteilten Zufallsversuch mit $n = 200$ und $p = 0{,}08$. Die Zufallsvariable X gibt die Anzahl der fehlerhaften Schrauben in der Stichprobe an.

Es gilt:

`binomCdf(200,0.08,0,9)    0.037371`

$P_{200;\,0{,}08}(X \leq 9) \approx 0{,}03737$

Bei einer Fehlerquote von 8 % liegt die Wahrscheinlichkeit für die Zurückweisung der Beschwerde bei ca. 3,737 %.

(2) Die Firmenleitung von „Schraubenwind" weist die Beschwerde nicht zurück, wenn sich in der Stichprobe 10 oder mehr fehlerhafte Schrauben befinden. Die Wahrscheinlichkeit dafür ist (bei einer vorgegebenen Fehlerquote von 4,5 %):

$P_{200;\,0{,}045}(X \geq 10) \approx 0{,}4126 = 41{,}26\,\%$

`binomCdf(200,0.045,10,200)    0.412568`

Die Wahrscheinlichkeit, dass die Firmenleitung die Beschwerde von „Wind 24" nicht zurückweist, falls der Produktionsprozess nach wie vor nur eine Fehlerquote von 4,5 % aufweist, beträgt etwa 41,26 %.

Abiturprüfung 2022 Mathematik Grundkurs (Nordrhein-Westfalen)
Prüfungsteil B – Analysis B5 (CAS)

Ein Unternehmen verkauft Fitnessarmbänder. Die momentane Änderungsrate des Absatzes kann modellhaft mithilfe der in $\mathbb{R}$ definierten Funktion f mit
$f(x) = 4\,000 \cdot x \cdot e^{-0{,}4 \cdot x}$
beschrieben werden. Dabei ist x die seit der Produkteinführung vergangene Zeit in Monaten und f(x) die momentane Änderungsrate des Absatzes in Stück pro Monat.

	Punkte
a) (1) Bestimmen Sie rechnerisch den Zeitpunkt, zu dem die momentane Änderungsrate des Absatzes den größten Wert erreicht, und geben Sie diesen Wert an.	4
(2) Zeichnen Sie den Graphen von f für $0 \leq x \leq 18$. Zeichnen Sie in Ihre Abbildung diejenigen Punkte des Graphen ein, die zu einer momentanen Änderungsrate des Absatzes in Höhe von 1 000 Stück pro Monat gehören.	3
(3) Im Zeitraum, der mit der Produkteinführung beginnt und 18 Monate später endet, gibt es einen Zeitpunkt, zu dem die momentane Änderungsrate des Absatzes am stärksten zunimmt, und einen Zeitpunkt, zu dem sie am stärksten abnimmt. Zur Bestimmung dieser beiden Zeitpunkte wurden folgende Berechnungen durchgeführt: $f''(x) = 0 \quad \Leftrightarrow \quad x = 5.$ $f'''(5) > 0.$ Erläutern Sie diese Berechnungen. Geben Sie die beiden gesuchten Zeitpunkte an und begründen Sie Ihre Angabe ohne weitere Rechnung.	6

Gleichzeitig mit der Einführung des Fitnessarmbands brachte das Unternehmen eine Smartwatch auf den Markt. Die momentane Änderungsrate des Absatzes der Smartwatch in Stück pro Monat lässt sich im Modell mithilfe der in $\mathbb{R}$ definierten Funktion g mit
$g(x) = 1\,600 \cdot x^2 \cdot e^{-0{,}4 \cdot x}$
beschreiben.

b) (1) Vergleichen Sie die momentanen Änderungsraten des Absatzes für das Fitnessarmband und die Smartwatch fünf Monate nach Produkteinführung.	2
(2) Ermitteln Sie die Anzahl der im ersten Jahr nach Produkteinführung insgesamt verkauften Smartwatches.	2

(3) Untersuchen Sie im Modell, ob es einen Zeitpunkt gibt, zu dem die Anzahl der seit der Produkteinführung verkauften Fitnessarmbänder mit der Anzahl der seit der Produkteinführung verkauften Smartwatches übereinstimmt.
Geben Sie gegebenenfalls diesen Zeitpunkt an. 3

Hinweise und Tipps

Teilaufgabe a

(1) Der Zeitpunkt des größten Absatzes kann durch die 1. Ableitung von f bestimmt werden.

Setzen Sie die 1. Ableitung gleich null und bestimmen Sie die Lösung der Gleichung.

Verwenden Sie die hinreichende Bedingung für Extremstellen: $f'(x)=0$ und f' hat an der möglichen Extremstelle einen Vorzeichenwechsel.

Alternativ: Berechnen Sie die 2. Ableitung der Funktion f und prüfen Sie folgende hinreichende Bedingung für Extremstellen: $f'(x)=0$ und $f''(x)\neq 0$

(2) Zeichnen Sie mithilfe des CAS den Graphen von f. Lassen Sie sich die Koordinaten einiger Punkte anzeigen oder erstellen Sie eine Wertetabelle.

Skizzieren Sie den Graphen mithilfe dieser Punkte.

Zeichnen Sie die Gerade $y=1\,000$ ein und markieren Sie die Schnittpunkte mit dem Graphen von f.

(3) Beachten Sie, dass der Zeitpunkt der stärksten Zu- bzw. Abnahme des Absatzes mit der Wendestelle bestimmt werden kann.

Wenden Sie die hinreichende Bedingung für Wendestellen an: $f''(x)=0$ und $f'''(x)\neq 0$

Berücksichtigen Sie die Randextrema der Funktion f' von $[0; 18]$. Betrachten Sie dazu auch die Zeichnung des Graphen von f und seine Steigung in $x=0$ und $x=18$.

Teilaufgabe b

(1) Vergleichen Sie die Funktionswerte von f und g an der Stelle $x=5$.

(2) Beachten Sie, dass durch das Integral die Änderungsraten aufaddiert werden.

Wählen Sie die Integrationsgrenzen und die Funktion passend und bestimmen Sie das Ergebnis mit dem CAS.

(3) Stellen Sie zuerst die Anzahl der seit der Produkteinführung verkauften Fitnessarmbänder als Integral dar und dann die Anzahl der seit der Produkteinführung verkauften Smartwatches.

Wählen Sie für die obere Grenze des Integrals einen Parameter t.

Bestimmen Sie den gesuchten Zeitpunkt durch Gleichsetzen der beiden Integrale.

Lösung

a) (1) Es wird die 1. Ableitungsfunktion von f bestimmt:

$f'(x) = 4\,000 \cdot e^{-0{,}4 \cdot x} + 4\,000 \cdot x \cdot e^{-0{,}4 \cdot x} \cdot (-0{,}4) = (4\,000 - 1\,600 \cdot x) \cdot e^{-0{,}4 \cdot x}$

$f(x):=4000\cdot x\cdot e^{-0.4\cdot x}$	*Fertig*
$a1f(x):=\frac{d}{dx}(f(x))$	*Fertig*
solve(a1f(x)=0,x)	x=2.5
a1f(2)	359.463
a1f(3)	-240.955

Die notwendige Bedingung für Extremstellen lautet: $f'(x) = 0$

$f'(x) = (4\,000 - 1\,600 \cdot x) \cdot e^{-0{,}4 \cdot x} = 0$

$\Leftrightarrow \quad 4\,000 - 1\,600 \cdot x = 0$

$\Leftrightarrow \quad x = 2{,}5$

Wendet man das Vorzeichenwechselkriterium an, so gilt $f'(2) \approx 359{,}5 > 0$ und $f'(3) \approx -241{,}0 < 0$.

An der Stelle $x = 2{,}5$ liegt daher ein lokales Maximum von f vor. Als einzige lokale Extremstelle liegt dann auch bei $x = 2{,}5$ ein globales Maximum vor.

Alternativ: mithilfe der 2. Ableitung

$f''(x) = -1\,600 \cdot e^{-0{,}4 \cdot x} + (4\,000 - 1\,600 \cdot x) \cdot e^{-0{,}4 \cdot x} \cdot (-0{,}4)$
$\qquad = (-3\,200 + 640x) \cdot e^{-0{,}4 \cdot x}$

$a2f(x):=\frac{d}{dx}(a1f(x))$	*Fertig*
a2f(2.5)	-588.607

Die notwendige Bedingung für Extremstellen lautet: $f'(x) = 0$ und $f''(x) \neq 0$

$f''(2{,}5) \approx -588{,}6 < 0$

Bei $x = 2{,}5$ liegt eine Maximalstelle.

Um den größten Wert der momentanen Änderungsrate des Absatzes zu ermitteln, muss man $x = 2{,}5$ in den Funktionsterm von f einsetzen:

f(2.5)	3678.79

$f(2{,}5) \approx 3\,678{,}8$

Die momentane Änderungsrate des Absatzes erreicht zweieinhalb Monate nach Produkteinführung mit ungefähr 3 680 Stück pro Monat den größten Wert.

(2) Die momentane Änderungsrate des Absatzes in Höhe von 1 000 entspricht dem y-Wert 1 000. Zeichnet man eine Parallele zur x-Achse durch den Wert 1 000 an der y-Achse, so finden sich zwei Schnittpunkte mit dem Graphen.

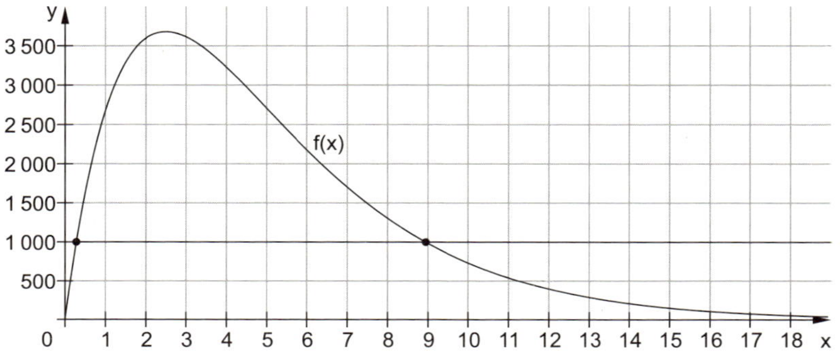

(3) Die gesuchten Zeitpunkte lassen sich durch die Extremstellen der Ableitungsfunktion f' bestimmen, da an diesen Stellen die momentane Änderungsrate des Absatzes am stärksten zu- oder abnimmt. Da der Zeitraum mit der Produkteinführung bei $x = 0$ beginnt und bei $x = 18$ endet, liegen die gesuchten Zeitpunkte im Intervall [0; 18]. Daher müssen hier auch die Randstellen beachtet werden.

Für die lokalen Extremstellen von f' gilt die notwendige Bedingung:
$f''(x) = 0 \quad \Leftrightarrow \quad x = 5$
Dies bedeutet, dass an der Stelle $x = 5$ die einzige mögliche lokale Extremstelle von f' liegt.
Die hinreichende Bedingung lautet: $f''(x) = 0$ und $f'''(x) \neq 0$
Da $f'''(5) > 0$ gilt, liegt bei $x = 5$ eine lokale Minimalstelle vor. Als einzige lokale Extremstelle ist hier auch eine globale Minimalstelle von f'.

Anhand der Zeichnung des Graphen erkennt man, dass der Graph von f an der Stelle $x = 5$ fällt. Also nimmt die momentane Änderungsrate 5 Monate nach der Produktionseinführung am stärksten ab.

Zuletzt muss man die Steigung an den Randstellen der Funktion f in [0; 18] betrachten.
Mithilfe der Zeichnung des Graphen von f erkennt man:
Bei $x = 0$ steigt der Graph $\Rightarrow$ $f'(0) > 0$
Bei $x = 18$ fällt der Graph $\Rightarrow$ $f'(18) < 0$

Da es an der Stelle $x = 5$ die einzige globale Extremstelle (Minimalstelle) gibt, muss bei $x = 0$ die globale Maximalstelle liegen.

b) (1) Setzt man $x = 5$ in die Funktionsterme von f und g ein, so erhält man:
$f(5) \approx 2\,706{,}7$
$g(5) \approx 5\,413{,}4$

$g(x):=1600\cdot x^2\cdot e^{-0.4\cdot x}$	*Fertig*
$f(5)$	2706.71
$g(5)$	5413.41

Fünf Monate nach der Produkteinführung ist die momentane Änderungsrate des Absatzes für das Fitnessarmband kleiner als für die Smartwatch.

(2) Da die gesamte Zahl aller verkauften Smartwatches in einem Jahr bestimmt werden soll, muss das Integral der Funktion g im Intervall [0; 12] ermittelt werden:

$$\int_0^{12} g(x)\,dx = 42\,873$$

$\int_0^{12} g(x)\,dx$	42873.

Im ersten Jahr werden 42 873 Smartwatches verkauft.

(3) Die Anzahl der seit der Produkteinführung verkauften Fitnessarmbänder zu einem beliebigen Zeitpunkt t lässt sich als Integral darstellen:

$$\int_0^{t} f(x)\,dx$$

Ebenso die Anzahl der seit der Produkteinführung verkauften Smartwatches:

$$\int_0^t g(x)\,dx$$

Durch Gleichsetzen der beiden Integrale kann man den Zeitpunkt bestimmen, zu dem die Anzahl der verkauften Armbänder beider Modelle übereinstimmt:

$$\int_0^t f(x)\,dx = \int_0^t g(x)\,dx \quad \Rightarrow \quad t \approx 4{,}48$$

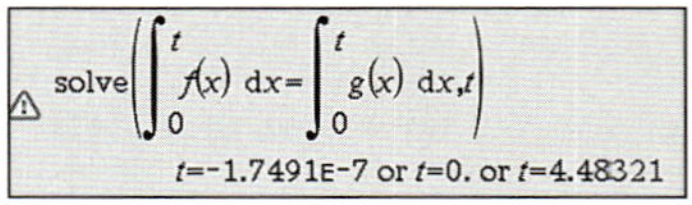

Die Gleichung hat die Lösung $t \approx 4{,}48$ (die anderen Lösungen können wegen des Sachzusammenhangs ausgeschlossen werden).

Etwa viereinhalb Monate nach Produkteinführung stimmt die Anzahl der seit der Produkteinführung verkauften Fitnessarmbänder mit der Anzahl der seit der Produkteinführung verkauften Smartwatches überein.